绿色与文化相融合的乡村营建

——门头沟区村庄民宅风貌设计导则

张志杰　刘临安　主编

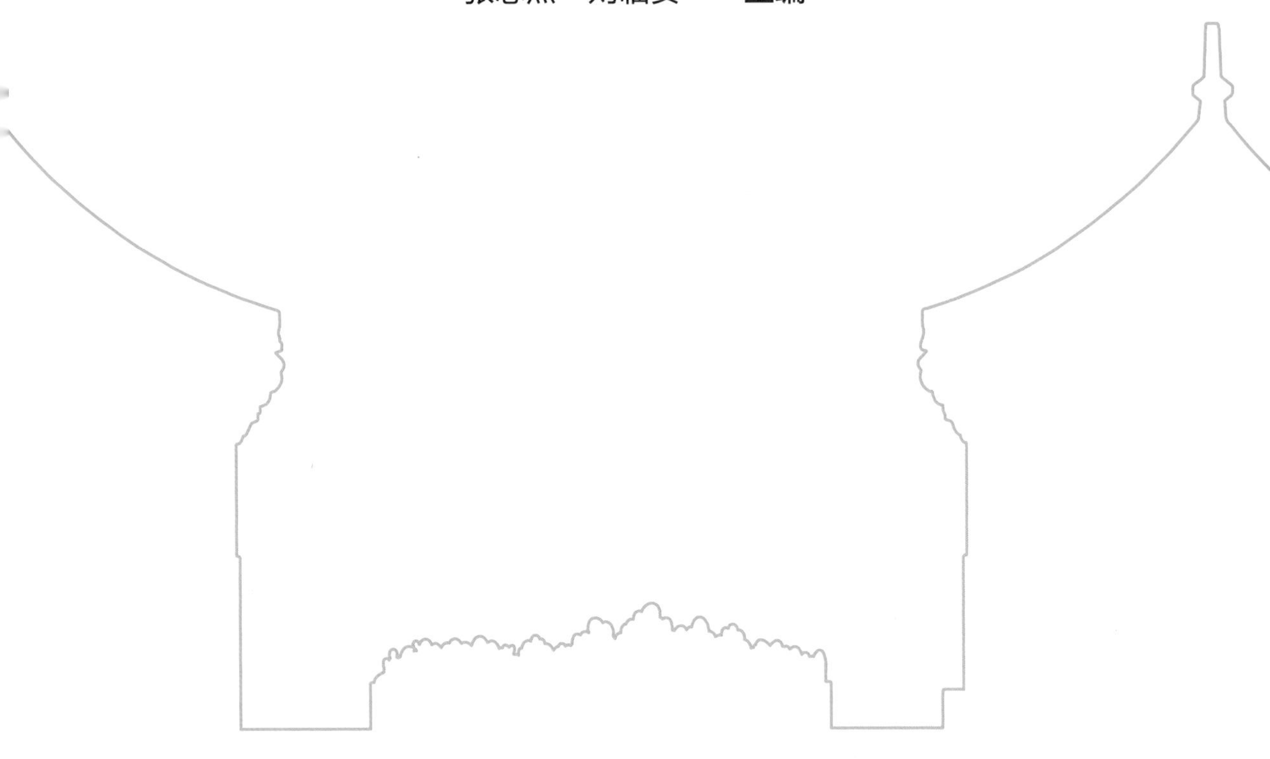

中国建筑工业出版社

图书在版编目（CIP）数据

绿色与文化相融合的乡村营建：门头沟区村庄民宅风貌设计导则 / 张志杰，刘临安主编．—北京：中国建筑工业出版社，2022.2
ISBN 978-7-112-27107-8

Ⅰ．①绿… Ⅱ．①张… ②刘… Ⅲ．①农村住宅—建筑设计—研究—门头沟区 Ⅳ．①TU241.4

中国版本图书馆CIP数据核字（2022）第028396号

责任编辑：陆新之
文字编辑：黄习习
版式设计：锋尚设计
责任校对：张　颖

绿色与文化相融合的乡村营建
——门头沟区村庄民宅风貌设计导则
张志杰　刘临安　主编
*
中国建筑工业出版社出版、发行（北京海淀三里河路9号）
各地新华书店、建筑书店经销
北京锋尚制版有限公司制版
北京富诚彩色印刷有限公司印刷
*
开本：787毫米×1092毫米　1/16　印张：12　字数：172千字
2022年3月第一版　2022年3月第一次印刷
定价：**118.00**元
ISBN 978-7-112-27107-8
（38786）

编委会

主　编

张志杰　刘临安

副主编

王　玮　李　瑞　贾　骥　陈春节　武　全　何　闽

参编人员（按姓氏拼音首字母顺序）

边一明　陈　猛　葛丽丽　郭思维　郭晓宇　胡小标　金　峰　冷金凤

连　旭　刘　洁　刘　鹏　刘　扬　米　鑫　倪静静　孙　漫　王东杰

王慧媛　王新鹏　王　旭　王永娜　吴克捷　杨素君　袁　方　张东才

张　刚　张小蒙

序1

北京的乡村地区地域广阔，约1.4万平方公里，约占北京市域面积的85%，乡村聚落星罗棋布于华北平原北端的太行山与燕山交汇处，随山区平原梯次过渡，具有山水林田湖草相互交织的天然生态本底；自古以来伴随着中华民族繁荣发展，积淀了丰富的历史遗迹和深厚的文化底蕴，是首都三大文化带的重要承载地。

党的十九大报告明确提出了落实乡村振兴发展战略。当前，在我国实现第一个百年奋斗目标之后，乘势而上开启全面建设社会主义现代化国家的新征程、向第二个百年奋斗目标进军的历史关键点，北京也进入全面落实城市总体规划的第二个关键期。在首都发展进入城市功能优化提升、发展方式深度转变、城乡一体持续融合的新阶段，乡村地区也已经成为首都加强“四个中心”功能建设的重要战略空间、构筑全市生态安全格局的重要屏障、实现首都历史文化传承的重要阵地。

北京建筑大学多年来发挥教学科研优势，积极服务于首都乡村规划建设，扎实开展了多项涉及乡村规划建设和生态文明实践的基础性研究工作，同时参与了北京市两百多个村庄规划的编制工作。许多研究成果为市级和区级部门在制定有关政策和技术规范中提供了智力支持，为乡村规划的体系建设贡献了力量。

门头沟区位于北京市的生态涵养区，传统村落文化丰富多彩、深厚珍贵，是首都山区乡村的映影。这次出版的《绿色与文化相融合的乡村营建——门头沟区村庄民宅风貌设计导则》，以践行生态文明和乡村振兴为根本，通过对12个中国传统村落、14个北京市传统村落、55个历史风貌保存较好村落的深入调查研究，分析了村庄风貌引导的类型和控制要素，并创新探索总结了关于公众参与、设计师下乡、村民自治等乡村建设工作机制，在传承首都文化内在精神的同时，对当前北京村庄规划建设和文化保护传承工作具有积极的借鉴意义。

北京市规划和自然资源委员会副主任
杨浚
2021年9月

序2

2013年12月，习近平总书记在《中央城镇化工作会议》发出号召："要体现尊重自然、顺应自然、天人合一的理念，依托现有山水脉络等独特风光，让城市融入大自然，让居民望得见山、看得见水、记得住乡愁。在促进城乡一体化发展中，要注意保留村庄原始风貌，慎砍树、不填湖、少拆房，尽可能在原有村庄形态上改善居民生活条件"，奠定了村庄要保持历史脉络的发展基调。

2017年10月，党的十九大提出"按照产业兴旺、生态宜居、乡风文明、治理有效、生活富裕的总要求"推进乡村振兴战略。2018年9月中共中央国务院印发《乡村振兴战略规划（2018—2022年）》指出："要充分维护原生态村居风貌，保留乡村景观特色，保护自然和人文环境，以形神兼备为导向，保护乡村原有建筑风貌和村落格局，把民族民间文化元素融入乡村建设，深挖历史古韵，弘扬人文之美，重塑诗意闲适的人文环境和田绿草青的居住环境，重现原生田园风光和原本乡情乡愁"，为村庄风貌营造指出了明确的方向。

近年来的中央一号文件，都很重视乡村历史文化传承，强化保护乡村特色风貌，持续推进宜居宜业的美丽乡村建设。为了深入落实中央乡村振兴战略，北京市迅速响应，2018年2月印发《实施乡村振兴战略扎实推进美丽乡村建设专项行动计划（2018—2020年）》，明确"因地制宜、一村一策，注重农村特色，保持乡村风貌"的工作任务；2019年1月北京市政府印发《北京市乡村振兴战略规划（2018—2022年）》，规划构建平原特色、浅山特色与深山特色的三类风貌区；并指出要"设计好农村居民点的规模、脉络、色彩，促进农村房屋与山水林田路等要素的合理搭配，保持乡村地区低人口密度、低建筑密度、低建筑容积率、低水泥覆盖和高绿容率的风貌特征；特别提出要健全完善住房建设导则和村庄风貌导则等配套政策”。

北京市2019年5月《关于落实农业农村优先发展扎实推进乡村振兴战略实施的工作方案》、2021年3月《关于全面推进乡村振兴加快农业农村现代化的实施方案》，以及2021年7月《北京市“十四五”时期乡村振兴战略实施规划》中，均提出要遵循乡村发展规律，加强对村民住房建设、村庄风貌、建筑风格和色彩的管控引导，保留乡村特色风貌，做好传统村落保护发展，打造京韵农味的美丽乡村等要求。

北京建筑大学历来重视文化遗产保护利用的教学与研究，特别是历史文化名城、名镇、名村保护利用的研究方向上，形成了鲜明的优势和特色。学校相继成立“北京市小城镇规划设计学术创新团队”“住房和城乡建设部乡村规划（北方）研究中心”，主持开展了国家自然科学基金项目“北京古村落空间解析”“传统聚落空间环境结构研究”“基于社会结构变迁的乡村整合规划理论与方法研究”等，形成了一批令人瞩目的成果，完成了一系列历史文化名镇名村的保护规划实践项目，延续了历史城镇保护规划与实施政策研究方面的传统优势。

对于我校和门头沟区的学术渊源可以追溯到20世纪90年代。那时候，国家处于实施改革开放政策的初期，一大批朝气蓬勃大学生和踌躇满志的教师组成专题研究小组，深入门头沟各乡镇、村庄开展历史城镇和村落的调查与研究。其中，最早涉足门头沟区的就是斋堂镇的爨底下村。师生们开展村史调查、入户访谈、建筑测绘、村庄写生……1999年中国建筑工业出版社出版了课题组持续6年之久的研究成果——《北京古山村：爨底下》，揭开了门头沟传统村落保护与发展研究的序幕。进入21世纪以来，又先后主持开展了《北京市门头沟区爨底下村历史文化保护规划》《北京爨底下古村保护与利用研究》等专项课题。在历史文化名镇名村保护和新农村建设的大潮中，我校与门头沟区开展的合作在深度和广度上都超过了以往。

这次出版的《绿色与文化相融合的乡村营建——门头沟区村庄民宅风貌设计导则》，是基于我校城市规划设计研究院主持完成的《门头沟区村庄民宅风貌设计导则》项目深化研究的成果。在这个创新科研项目中，门头沟区的12个中国传统村落、14个北京市传统村落及众多个历史风貌保留较好的古村落成为宝贵的实践资源。该项目圆满完成以后，在2019年底获得了北京市规划学会“2019年度北京市优秀城市规划一等奖”。希望本书的出版，能够为村庄民宅的设计和实施提供可靠的技术服务，为促进实施乡村振兴战略、美丽乡村建设作出贡献。

北京建筑大学副校长
李俊奇
2021年8月

前　言

今天，习近平总书记提出的“望得见山、看得见水、记得住乡愁”已成为家喻户晓的金句，也凝练成我国乡村振兴战略的基本内涵。门头沟区是北京市传统乡村风貌保存最好的地区，是北京乡愁记忆最集中的承载地。区境内分布着数量众多的环境优美、特色鲜明的传统村落。其中，中国历史文化名村3个（斋堂镇爨底下村、灵水村，龙泉镇琉璃渠村）、中国传统村落12个、北京市传统村落14个，传统文化村落的数量雄踞北京市各区之首。除此之外，还留存着数十个传统风貌清晰的古村落，年代久远、风貌古朴，被誉为极具北方传统民居特色的“京西古村落群”。

门头沟区历史悠久，独特的山川地貌与深厚的历史文化孕育出的乡镇、村庄，带有生态性、历史性、文化性的多维特征。近些年来，随着社会经济的发展和村民生活水平的提高，城市建设发展的一些风潮吹到乡村，使得原本朴实无华的乡村风貌遭受到不同程度的挑战，也对门头沟区村庄的特色产业发展带来一定影响。在这种形势下，门头沟区委区政府深刻地认识到，在乡村振兴战略的实施中，亟需开展历史文化和乡愁记忆的保护与传承，尤其是加强对于村庄民宅风貌的管控与技术指导。

为更好地传承和保护门头沟区传统村落的风貌特色，更好地留住乡愁记忆，门头沟区在北京市率先开展了村庄民宅风貌设计导则的编制工作。

本导则在编制的过程中，积极落实乡村振兴的新理念、新要求，采取了“广纳村民建言、集聚多方智慧”的工作模式，充分体现新时代的创新特色。

编制组深入调研了门头沟区10个镇（街道）的40多个村庄，200多个典型民宅院落，开展了广泛的访谈和深入的座谈，收集了大量的一手资料和详实数据，为本导则编制打下了坚实的基础。同时，邀请中国传统民居专家、历史建筑专家全程参与指导，召开十余次专题研讨会；充分征求了北京市城市规划设计研究院、北京建筑大学、北京市古代建筑研究所、中国建筑设计研究院、北京市建筑设计研究院等院校和专业机构的专家意见；重点寻访听取了门头沟区十几位健在的乡村老木匠、老瓦匠、老石匠的意见。

门头沟区委区政府高度重视本导则编制工作，多次组织召开市规划和自然资源委门头沟分局、区农业农村局、区文化旅游局等相关委办局的专题会，区统战部专题会、区民盟专题会、区长办公会、区委常委会、区人大政协会等对本导则的编制工作进行细致的把控、指导。区委区政府领导多次审阅各个阶段成果，并亲笔修改完善。经过“政府组织、部门合作、专家领衔、多方参与、反复打磨”的完整流程，最终形成了一个汇聚多方智慧的成果。

本导则体现出四大技术特点:

一、凝练风貌特征，构建管控方案

本导则系统分析了门头沟区的区位自然环境、山水形势、历史文化等影响村庄风貌要素的天然禀赋，提出“京畿乡愁承载地、京西山地古民居”的整体风貌特征。主要包括：天人合一的居住环境、彰显特色的村落文化、京西特色的山地合院、就地取材的建筑材料和样式精美的建筑装饰。

在凝练出整体风貌特征的基础上，进一步明确了村庄风貌的管控框架，提出通过“历史年代、地形地貌、特色文化、保护级别”四个维度来引导村庄民宅风貌。依据历史年代将村庄划分为晋唐、辽金元、明清和近现代四个时期，依据地形特色将村庄划分为深山、浅山、平原、滨水四种类型，依据文化特色将村庄划分为宗教寺庙文化、古道商旅文化、民间习俗文化、京西山水文化、京西煤业文化、红色历史文化六种类型，依据保护级别将村庄划分为国家级传统村落、市级传统村落、其他村落三种类型。

本导则对划分的每种类型都提出相应的风貌管控要求，通过四个维度的叠加，推导出对应村庄的风貌控制和引导要求。

二、逐级深化落实，细化管控要点

本导则构建起“分层级、多要素”的村庄民宅风貌管控体系。在村庄层面重点控制整体格局、街巷肌理、公共空间、景观小品和基础设施；在宅院层面重点控制院落格局、建筑层数、建筑体量、建筑风格和建筑色彩；在建筑细部层面重点控制门窗、立面、山墙、层顶和装饰样式与做法。

本导则将村民宅院分为传统宅院、老宅院和新宅院三种类型，并分别提出刚弹结合的控制要求。

三、立足六个不变，强化案例示范

本导则摆脱以往多数规划以标准尺寸宅基地为蓝本来设计标准户型图集的做法，严格落实区委区政府提出的“六个不变原则”，所有示例户型均以村民宅院的现状为基底，结合现状实况和村民改造需求，提出针对不同形状的宅基地、不同层数的建筑高度、不同历史风貌的民宅建筑、不同用途的宅院的改造示意方案。通过这些强化各个实际典型案例的示范作用，指导推动村庄民宅风貌建设实现精准化的“一户一设计”。

四、强化导则应用，多方宣传推广

强化本导则的实用性和可操作性，依据区、镇、村不同层级以及技术人员和管理人员等不同需求，形成多个有针对性的规划成果，力求做到政府管控有抓手、规划设计有依据、村民改造有参考，为实现乡村风貌建设的精准化管控提供有力的技术支撑。同时，强化提高门头沟区各界人士对村庄民宅风貌的保护意识，针对区级领导、镇村领导、设计人员、责任规划师、村民等不同的受众群体进行多次规划宣讲培训活动，起到良好的宣传推广效果，有力地推动了门头沟区美丽乡村的保护与发展。

本导则作为门头沟区村庄风貌建设的纲领性文件，已下发到辖区内各镇村，在村庄规划、美丽乡村建设、传统村落保护、村庄危房改造、村民住宅改造以及落实乡村振兴战略的相关工作中积极落实，发挥出积极的引导和管控作用。

作为北京市首个针对村庄民宅风貌的设计导则，一经推出就引起了社会的广泛关注，新华网、搜狐网、腾讯网、人民网、北京日报等新闻媒体进行了专题报导。本导则的编制与实施工作也得到了北京市委市政府领导的充分认可与赞扬，成为北京市各区县及相关部门借鉴参考的范例。可以相信，本导则将在北京市的乡村振兴战略中，对村庄风貌建设发挥积极的引导示范作用。

目 录

壹

总则

1.1 编制背景

从党中央到北京市都非常重视乡村风貌建设，“留住乡愁”成为乡村建设的重要目标。

1）国家层面

2013年12月，中央城镇化工作会议提出：“要体现尊重自然、顺应自然、天人合一的理念，依托现有山水脉络等独特风光，让城市融入大自然，让居民望得见山、看得见水、记得住乡愁。”

2014年5月，国务院办公厅印发《关于改善农村人居环境的指导意见》，明确了因地制宜、分类指导、量力而行、循序渐进等基本原则，提出了要防止大拆大建，慎砍树、禁挖山、不填湖、少拆房。

2016年1月，中央一号文件《中共中央国务院关于落实发展新理念加快农业现代化实现全面小康目标的若干意见》中指出：“遵循乡村自身发展规律，体现农村特点，注重乡土味道，保留乡村风貌，努力建设农民幸福家园。”

2017年10月，党的十九大报告强调要“实施乡村振兴战略”，提出了“产业兴旺、生态宜居、乡风文明、治理有效、生活富裕”的二十字方针。

2021年2月21日，《中共中央国务院关于全面推进乡村振兴加快农业农村现代化的意见》发布，这是21世纪以来第18个指导“三农”工作的中央一号文件。文件指出，民族要复兴，乡村必振兴。要坚持把解决好“三农”问题作为全党工作重中之重，把全面推进乡村振兴作为实现中华民族伟大复兴的一项重大任务，举全党全社会之力加快农业农村现代化，让广大农民过上更加美好的生活。

2）北京市层面

《北京城市总体规划（2016年—2035年）》提出，要建设“绿色低碳田园美、生态宜居村庄美、健康舒适生活美、和谐淳朴人文美”的美丽乡村和幸福家园。

2018年2月，中共北京市委办公厅、北京市人民政府办公厅在《实施乡村振兴战略扎实推进美丽乡村建设专项行动计划（2018—2020年）》中提出，要因地制宜、一村一策，注重农村特色，保持乡村风貌的要求。

2019年1月，北京市政府印发《北京市乡村振兴战略规划（2018—2022年）》，指出要设计好农村居民点的规模、脉络、色彩，促进农村房屋与山水林田路等要素的合理搭配，特别提出要健全完善住房建设导则和村庄风貌导则等配套政策。

2021年7月，《北京市“十四五”时期乡村振兴战略实施规划》提出要加强历史文化、传统风貌的保护和村庄整体风貌引导，鼓励三大文化带周边村庄纳入特色提升型村庄。

3）门头沟区层面

门头沟区是北京乡愁最集中的承载地，古村落的历史文化积淀深厚，约70%的村庄都有文物古迹，其乡村风貌也是北京各区中保存最为完好的（图1-1-1～图1-1-4）。

全区有3个中国历史文化名村，分别为斋堂镇爨底下村（2003年公布）（图1-1-5～图1-1-6）、灵水村（2005年公布）（图1-1-7）、龙泉镇琉璃渠村（2007年公布）（图1-1-8）。

全区有12个中国传统村落。2012年第一批中国传统村落有斋堂镇的爨底下村、灵水村、黄岭西村，雁翅镇的苇子水村，龙泉镇的琉璃渠村、三家店村；2013年第二批中国传统村落有斋堂镇的马栏村，大台街道的千军台村；2014年第三批中国传统村落有雁翅镇的碣石村，斋堂镇的沿河城村；2016年第四批中国传统村落有斋堂镇

图1-1-1
门头沟区自然风貌1

图1-1-2
门头沟区自然风貌2

图1-1-3
门头沟区民俗风貌1

图1-1-4
门头沟区民俗风貌2

图1-1-5　爨底下村1

图1-1-6　爨底下村2

图1-1-7　灵水村

图1-1-8　琉璃渠村

的西胡林村，王平镇的东石古岩村。门头沟区的中国传统村落在北京各区中数量最多。

全区有14个北京市传统村落（含中国传统村落）。2018年3月北京市公布了首批市级传统村落，分别为斋堂镇的爨底下村、灵水村、黄岭西村、马栏村、沿河城村、西胡林村，龙泉镇的琉璃渠村、三家店村，雁翅镇的苇子水村、碣石村，王平镇的东石古岩村，清水镇的张家庄村、燕家台村，大台街道千军台村。

除了中国历史文化名村和中国传统村落外，门头沟区内还有55个历史风貌保存较好的村落①，其建造历史可追溯到晋、唐、两宋、辽、金、元、明、清时期，是京西古村落群的主要组成部分。

近年来，门头沟区的乡村风貌不断遭受侵蚀和破坏，亟需加强对乡村风貌的控制引导。

改革开放以来，随着我国经济社会的快速发展，城镇化水平与人民生活水平不断提高，人们对物质生活的需求也随之不断提高。在乡村地区，村民对自己生产生活环境的改造需求日益增多，盲目追求"都市生活、现代风格"的建造风气逐渐在乡村蔓延开来。这种情况在一定程度上蚕食了门头沟乡村地区自然和谐、质朴厚重、温暖宁静、多彩祥和的乡愁记忆，对京西山地独特的传统村庄格局、街巷肌理、建筑风格造成了一定的冲击，进而影响了门头沟区乡村风貌的总体形象，亟需加强对乡村风貌的管控与引导（图1-1-9~图1-1-12）。

门头沟区委区政府高度重视门头沟区的传统村落保护发展和乡村风貌建设，区领导多次组织部门座谈会和及专家研讨会，并多次深入到门头沟区各村镇调研走访、指导工作。门头沟区在北京市率先提出要在美丽乡村建设中为全市立标杆、作表率的工作目标，并明确具体的工作指导方针和工作要求。

门头沟区的旅游产业发展良好，传统村落这一宝贵资源亟需明

① 55个历史风貌保存较好的村落由2008年《门头沟古村落研究》课题组调研出具的名单，2009年北京市政策研究中心调研报告中出具的名单，以及2011年门头沟区文化委员会出具的名单综合确定。

图1-1-9　传统村庄风貌

图1-1-10　红瓦建筑

图1-1-11　水泥建筑

图1-1-12　欧式建筑

确保护与利用的方式。

门头沟区是首都最重要的水源涵养地和生态屏障，是京津冀西北部生态涵养区的重要组成部分，是西山永定河文化带、长城文化带的重要承载区和市民休闲旅游的目的地。

门头沟区的传统村落主要分布于浅山区，这里是山区和平原的过渡地带，是山区居民生产生活的主要聚集区，是反映首都生态文明建设的晴雨表。要积极推动美丽乡村建设，按照“清脏、治乱、增绿”要求，持续开展农村人居环境整治，提高农村公共服务水平；守住传统村落这一不可再生的重要历史文化资源，把浅山区传统村落建成美丽乡村的亮点和市民休闲的首选之地；吸引更多市民到浅山区休闲观光，要把乡村旅游作为支柱产业来抓，努力把生态与历史文化资源环境优势转化为绿色发展优势。

1.2 编制目标

为更好地传承和保护门头沟京西村庄的特色风貌，加强对村民住宅风貌的引导和控制，更好地留住门头沟区的乡愁记忆，特编制《绿色与文化相融合的乡村营建——门头沟区村庄民宅风貌设计导则》（以下简称《导则》）。

1.3 编制依据

1）政策文件

《国务院办公厅关于改善农村人居环境的指导意见》（国办发〔2014〕25号）

《农村人居环境整治三年行动方案》中共中央办公厅、国务院办公厅印发，2018年

《北京市人民政府关于组织开展“疏解整治促提升”专项行动（2017—2020年）的实施意见》（京政发〔2017〕8号）

《关于开展“实施乡村振兴战略推进美丽乡村建设”专项行动（2017—2020年）的实施意见》中共北京市委办公厅、北京市人民政府办公厅印发，2018年

《实施乡村振兴战略扎实推进美丽乡村建设专项行动计划（2018—2020年）》中共北京市委办公厅、北京市人民政府办公厅印发，2018年

《关于加快休闲农业和乡村旅游发展的意见》（京政农发〔2017〕30号）

《门头沟区关于开展“实施乡村振兴战略 扎实推进美丽乡村建设”专项行动（2018—2020年）实施方案》北京市门头沟区人民政府，2018年

2）规划文件

《北京城市总体规划（2016年—2035年）》

《门头沟分区规划（2017年—2035年）》

《门头沟城镇体系和村庄布局规划》

《门头沟区分区规划——旅游专项规划（2018年—2035年）》

3）规范与标准

《美丽乡村建设指南》GB/T 32000—2015

《村庄整治技术规范》GB 50445—2008

《北京市美丽乡村建设导则（试行）》（2018）

《北京市村庄规划导则（修订版）》（2019.12）

《农村宅基地管理办法》（2021）

《北京市农村生活垃圾分类治理技术导则》(2017)

4)参考文献

北京门头沟村落文化志编委会. 北京门头沟村落文化志[M]. 北京：北京燕山出版社，2008.

张守玉，刘德泉. 门头沟古村落生态文化资源及其开发前景的研究[C]//北京学研究文集2008(下). 2008.

孙克勤，孙博. 探访中国最美古村落[J]. 北京：冶金工业出版社，2013.

尹钧科. 北京郊区村落发展史[M]. 北京：北京大学出版社，2001.

业祖润. 北京古山村——爨底下[M]. 北京：中国建筑工业出版社，1999.

孙克勤，宋官雅，孙博. 探访京西古村落[M]. 北京：中国画报出版社，2006.

中国建筑标准设计研究院. 不同地域特色传统村镇住宅图集：11SJ937-1[S]. 北京：中国计划出版社，2011.

北京市建筑设计标准化办公室. 建筑构造通用图集——北京四合院建筑要素图：08BJ14-4[S]. 北京：中国建筑工业出版社，2008.

1.4 适用范围

研究对象为门头沟行政辖区(图1-4-1)。

适用范围为门头沟行政辖区范围内涉及乡村振兴战略与美丽乡村建设的行政村，共计9个乡镇138个村庄，其中龙泉镇5个村，永定镇1个村，潭柘寺镇7个村，军庄镇8个村，王平镇16

个村，妙峰山镇17个村，雁翅镇23个村，斋堂镇29个村，清水镇32个村。

本《导则》编制以行政村作为基本研究单元。

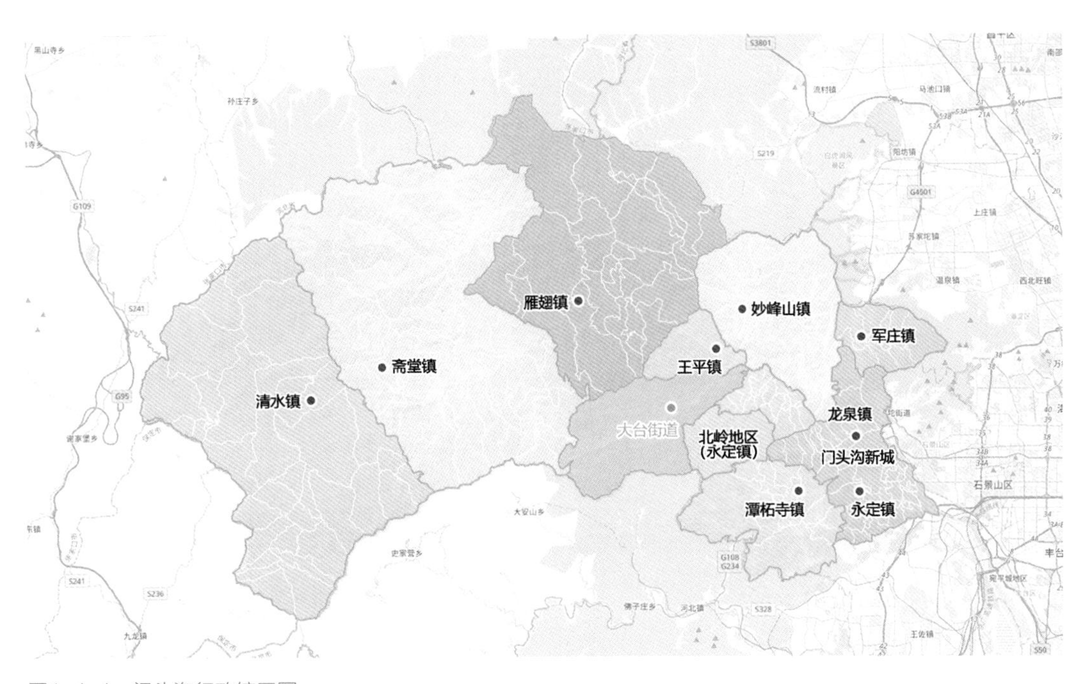

图1-4-1　门头沟行政辖区图

贰

村庄风貌特征

2.1 生态本底

1）山情

门头沟区地处京西太行山之首，全区总面积1448平方千米，其中98.5%为山地。全区海拔1500米以上的山峰有160余座，山峰叠翠，层峦起伏，河流纵横，草甸棋布，地形多样，地貌丰富。由于山高沟深，地势险峻，山路崎岖，关隘密布，紧扼内蒙古、山西、陕西、河北等地通往京师的古道要冲，自古以来就是拱卫京师的天然屏障（图2-1-1~图2-1-3）。

图2-1-1 百花山

图2-1-2 灵山

图2-1-3　妙峰山

2）水韵

门头沟区的河流分属三个水系。属海河水系的永定河流域面积最大，占门头沟水系总面积约94%，属大清河水系的白沟河流域面积占门头沟水系总面积约5%，属北运河水系流域面积占门头沟水系总面积约1%。永定河是门头沟区最大的过境河流，河道长度102千米，主要支流有刘家峪沟、湫河、清水河等，大小支流300余条。以北京母亲河永定河为主干、白沟河等支流为辅的水系逶迤流淌全境，绵延百余千米（图2-1-4～图2-1-6）。

图2-1-4　永定河

图2-1-5　门头沟水韵1

图2-1-6　门头沟水韵2

2.2　历史文脉

1）历史沿革

门头沟区历史悠久，文化积淀深厚。

新石器早期就有人类在此地繁衍生息。大约一万年前，东胡林人[①]就聚居在清水河谷的黄土台地上。在沿河城的大东宫村、柏峪村等地，考古发现多处古人类生活的遗迹，丰富了远古时期北京地区人类文明的分布案例。

西周初年，区境分属燕、蓟诸侯国。燕并蓟后，属燕。战国时期，燕为七雄之一，燕昭王二十九年（公元前283年）设置上谷、渔阳、右北平、辽西、辽东五郡。区境东部的龙泉、永定、潭柘寺属渔阳郡，其余地域属上谷郡。

秦并六国统一后，实行郡县制，区境属广阳、上古二郡。两汉沿袭不改。

隋代，区境东部的苇甸、王平属幽州蓟县，其余地域属燕州沮阳县。大业三年（公元607年）废州，分属蓟县、怀戎县。唐代，建制屡有更替，建中二年（公元781年），区境东部属广平县；光启中年（公元885—888年），区境东部属矾山县；乾宁三年（公元896年），区境全属玉河县。

辽开泰元年（公元1012年），改幽都县为宛平县，宛平县名始于此。宋、金结盟攻辽，玉河县先属宋，后归金。金天眷元年（公元1138年）废玉河县，区境归属宛平县。元朝，区境大部分属于宛平县。

明清两朝，元大都改为北平府，宛平县随属。民国时期顺天府改为京兆地方，区境仍属宛平县。

1948年12月14日门头沟解放。1949年1月北平市人民政府成立，门头沟划归北平市，包括门头沟镇、城子镇以及里外十三小区。1958年8月设京西矿区，同年5月设立门头沟区，划归门头沟区管辖。

门头沟区现辖龙泉镇、永定镇、军庄镇、潭柘寺镇、妙峰山镇、王平镇、雁翅镇、斋堂镇、清水镇，大台街道办事处、大峪街道办事处、东辛房街道办事处、城子街道办事处。

---

① 1966年初发现于门头沟区斋堂镇东胡林村，故命名为东胡林人。经1995年、2001年、2003年的数次发掘，出土有石锤、石磨盘、石磨棒、骨锥、骨笄、骨镯、夹砂陶器皿等，是继北京人和山顶洞人旧石器文化遗址之后的又一个重要考古发现。

2）两条文化带

《北京城市总体规划（2016年—2035年）》指出，推进三条文化带的整体保护利用，即大运河文化带、长城文化带、西山永定河文化带（图2-2-1）。门头沟区承载了长城文化带和西山永定河文化带的重要历史记忆。

（1）长城文化带

门头沟区现存年代最早的长城遗址是北魏时期所建。据历史记载，北魏太平真君七年（公元406年），太武帝征发19万余民夫修筑长城，东起上古，西至黄河，广袤千里。东魏武定三年（公元545年），平远将军元勒在西北筑城戍边。明代也有修筑长城。门头沟区境内遗存的主线长城遗址主要分布在沿河口、七座楼、梨园岭、洪水口、小龙门、黄草梁等地段，每处长城遗址都有着生动的历史故事（图2-2-2、图2-2-3）。

（2）西山永定河文化带

门头沟山峦纵横，河流密布。海拔2303米的灵山（图2-2-4），

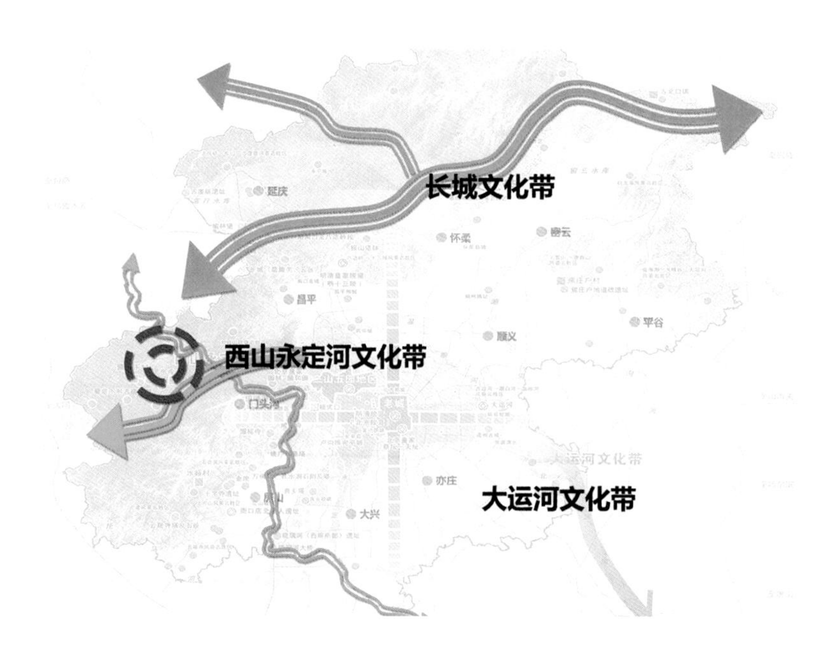

图2-2-1
北京市三条主要文化带

图2-2-2　黄草梁长城

图2-2-3　鹞子峪长城

素享“京都第一峰”之美称。百花山（2050米）、妙峰山（1291米）、九龙山（858米）都是京西地区的自然胜景。永定河全长747千米，流经晋、内蒙古、冀、京、津五省市，是区境内最大的过境河流，支流分布众多，主要有刘家峪沟、湫河、清水河（图2-2-5）、下马岭沟、苇甸沟、樱桃沟、门头沟等。得天独厚的自然山水环境在历史时空变幻中孕育出独特的京西山水文化，形成完整的历史脉络、珍贵的文化遗存、生动的故事传说，书写着北京地域文化的精彩篇章。

图2-2-4　灵山

图2-2-5　清水河

3）六大特色文化

今天的门头沟区富集着多样的历史文化资源，各个文化门类都显现出与众不同的历史传统和地域特色。门头沟区地处京西山区，传统村镇的分布大都依山就势，沿着山麓的水源或古道分布，像永定河及支流、京西古道、香道、长城关隘……村镇风貌深受地域文化的影响，这些影响一方面来自自然环境的变化，另一方面来自历史风云的变迁。

通过对门头沟区的自然生态、历史文脉进行梳理分析，挖掘整理出最具有代表性的“六大特色文化”：京西山水文化、古道古村文化、民间习俗文化、宗教寺庙文化、京西煤业文化、军事历史文化[①]。这六种特色文化集中体现了门头沟区的历史文化渊源和自然风貌特征。

（1）京西山水文化

核心价值：门头沟是太行山之额首，永定河之脉源。“西山—永定河”是北京山水形胜的核心内容，以永定河、清水河、灵山、百花山、妙峰山等一系列自然景色优美、生物资源丰富的自然景区构成了京西自然山水风貌，是孕育北京古都文化的摇篮（图2-2-6）。

门头沟区地处华北平原向蒙古高原过渡地带，地形骨架形成于中生代的燕山运动，地势西北高，东南低。境内总面积的98.5%为山地，仅1.5%为平原，西部山区是北京西山的核心部分。

门头沟境内河流众多，水源丰富。永定河及支流的河水出山后形成的冲积扇，对于门头沟古村落的形成起到重要作用。冲积扇地带形成的滨河小平原上，土地肥沃，散布着许多以种粮为业的村落，大部分古村落分布于永定河及其支流流域，村民基本以农业耕

图2-2-6　京西山水景观

① 门头沟区政府提出的“门头沟区六大特色文化”中，将“军事历史文化”的内容概括到“红色历史文化”中。这里面既包括历史上门头沟的拱卫京畿作用，长城、关隘、卫所、城堡等防卫设施，也包括抗日战争中八路军指挥机构旧址及发生的革命事迹。在本研究课题中，考虑到上述历史文化具有共同的军事性质，所以采用“军事历史文化”来表述，以求更为准确和全面。

种、畜业养殖、林业培育为主。

（2）古道古村文化

核心价值：门头沟的京西古道连接“太行八陉”，是京城通往晋、冀、豫、蒙地区的要道，历史长达800余年，具有军事防御、商旅贸易、文化交流、民族融合的作用。京西古道多用于商道、军道和香道，犹如一张偌大的网络覆盖门头沟全境，总长度达670千米，道路多而且长，其中商道的历史遗迹最多，保留至今的有玉河道、西山道、王平道、新潭道、庞潭道、芦潭道等。

京西古道核心区全长270千米（现存50余千米），沿线分布了爨底下村、灵水村、琉璃渠村等49座古村落。人们沿途开设茶楼酒肆、货栈客店、作坊工场、各色商号等服务设施。商业的繁荣刺激了沿线聚居村落的发展，人们开始依傍古道建房安家，汇聚成群，逐渐演变成为星罗棋布的村落。以京西古道为脉络衍生出的古村落群是京西山地最为典型的代表，也形成了门头沟区多样的古道古村文化特色（图2-2-7、图2-2-8）。

图2-2-7　爨底下村

图2-2-8
牛角岭关城古道上的蹄窝

（3）民间习俗文化

核心价值：门头沟区相对独立的地理环境和封闭的空间特征使得历史文化积淀得以完整的延续和发展，至今保留着生动独特的民俗文化遗产，形成了京西地区非物质文化的荟萃之地。以妙峰山庙会、九龙山庙会等庙会习俗和梆子戏、北派皮影戏、柏峪燕歌戏等民间表演艺术构成的民间习俗文化成为京西山区民俗文化的“世外桃源”。

这里的国家级非物质文化遗产有京西太平鼓（图2-2-9）、妙峰山庙会（图2-2-10）、琉璃渠琉璃烧制技艺及千军台庄户幡会4项。北京市级非物质文化遗产有西斋堂梆子戏（图2-2-11）、苇子水秧

图2-2-9　京西太平鼓

图2-2-10　妙峰山庙会

图2-2-11　西斋堂梆子戏

图2-2-12　苇子水秧歌戏

歌戏（图2-2-12）、淤白村蹦蹦戏、潭柘寺传说、龙泉务村童子大鼓会等12项。门头沟区级非物质文化遗产迄今列入名录的有7批共63项，其中琉璃渠村五虎少林会、军庄镇杨坨大秧歌、灵水村秋粥节习俗等，是门头沟区乃至华北地区极具民俗特色的文化瑰宝。

（4）宗教寺庙文化

核心价值：门头沟区是京畿地区宗教文化圣地，寺庙众多，多种宗教信仰共存，宗教门派兼收并蓄，源远流长。主要宗教有佛教、道教、基督教（新教）、天主教、伊斯兰教五大宗教以及多种民间信仰，宗教文化遗址遗存众多，在北京宗教文化构成体系中底蕴深厚、层次丰满、类型完整，详见表2-1。

门头沟区宗教寺庙一览表

表2-1

<table>
<tr><th rowspan="2">地位</th><th rowspan="2">价值</th><th rowspan="2">特性</th><th colspan="2">分类</th><th rowspan="2">文物保护级别</th><th rowspan="2">各类遗存</th></tr>
<tr><th>特性分类</th><th>宗教分类</th></tr>
<tr><td rowspan="14">门头沟区是北京地区宗教文化圣地，在北京宗教空间体系中具有独特性并占有显赫地位</td><td rowspan="14">门头沟区宗教文化源远流长、兼收并蓄、多元融合，蕴含着丰富的文化艺术，地域特征明显，使得北京宗教文化更加绚丽多姿</td><td rowspan="14">1. 门头沟区庙宇类型多样、数量众多，多元宗教和谐共处，与本地乡土文化融合共生，是北京地区文化多元共存、融合发展的典型代表，也凸显出北京文化多元性</td><td rowspan="14">多元宗教类型</td><td rowspan="6">佛教</td><td>全国重点</td><td>潭柘寺、戒台寺</td></tr>
<tr><td>市级</td><td>双林寺、灵岳寺（新兴村）、灵严寺大殿</td></tr>
<tr><td>市、县级</td><td>朝阳庵（东杨坨）、广惠寺、龙王观音禅林大殿、仰山西隐寺遗址、椒园寺遗址及“龙虎”二柏、崇化寺碑刻、宝峰寺（西斋堂）、大悲岩观音寺及碑刻</td></tr>
<tr><td>区级</td><td>白瀑寺、白瀑寺塔（市级）、桃花庵开山祖师爷塔</td></tr>
<tr><td>未列级</td><td>毗卢寺遗址、胜泉岩寺（田寺村）、灵泉禅寺遗址、菩萨庙（淤白村）、南安庙（军庄）、地藏菩萨庙（岭角）、秀峰庵（板桥村）、得胜寺遗址（大村）、广化寺遗址（斜河涧）、柏山寺（沿河城）、菩萨庙（高台村）、圆照禅寺、张仙港圣泉庵、万佛寺遗址、弘业寺遗址、龙岩寺（吕家坡）、弘恩寺遗址（南辛房）、胜泉寺碑刻（碣石村）、朝阳庵遗址（大峪村）、朝阳庵（雁翅村）、滴水岩天泉寺、高桥寺遗址、柏峪寺（黄岭西街）、洪智寺（龙泉务）、丰光寺、圣泉寺遗址（黄安村）、月严寺过殿遗址</td></tr>
<tr><td>其他</td><td>华严寺（永定镇）、广智寺、兴隆寺（张家庄）、桃花庵、静明禅寺、宝林寺、静德寺、圣寿庵、元通寺、吉祥庵、大佛殿、大云寺（妙峰山镇）、护国显光禅寺、华严寺（斋堂镇）</td></tr>
<tr><td rowspan="3">道教</td><td>区级</td><td>通仙观碑刻</td></tr>
<tr><td>未列级</td><td>玉皇庙、盛泉岩道观遗址</td></tr>
<tr><td>其他</td><td>魁星楼、玄帝庙、太乙集仙观、太清关、真武庙、王老庵</td></tr>
<tr><td>佛教道教</td><td>未列级</td><td>孔雀庵</td></tr>
<tr><td>儒释道</td><td>未列级</td><td>三教宝殿</td></tr>
<tr><td>儒教</td><td>其他</td><td>文庙</td></tr>
<tr><td rowspan="2">天主教</td><td>区级</td><td>天主教堂（张家铺）</td></tr>
<tr><td>其他</td><td>天主教堂（曹各庄）</td></tr>
</table>

续表

地位	价值	特性	分类		文物保护级别	各类遗存
			特性分类	宗教分类		
门头沟区是北京地区宗教文化圣地，在北京宗教空间体系中具有独特性并占有显赫地位	门头沟区宗教文化源远流长、兼收并蓄、多元融合，蕴含着丰富的文化艺术，地域特征明显，使得北京宗教文化更加绚丽多姿	2. 独特的地理位置、山川地貌及文化传统，结合生产生活特征形成了北京地区独具特色的民间宗教信仰	民间信仰宗教类型	风调雨顺五谷丰登	市、县级	龙王庙（北港沟）、龙王庙（三家店）、龙王庙（下苇甸）
					区级	龙王伏魔庙
					未列级	龙王庙（塔河村）、龙王庙（四道桥）、龙王庙（太子墓）、龙王庙（淤白村）、龙王庙（桥耳涧）、龙王庙（清水涧）、龙王庙（碣石村）、龙王庙及柏抱榆（灵水村）、柏抱桑古树、龙王庙（安家庄）、龙王庙（付家台）、龙王庙遗址（禅房村）龙王庙（杨家峪）、龙王庙（房良村）、井泉龙王庙遗址（石佛村）
					其他	龙王庙（下清水）、龙王庙（大峪村）、龙王庙（王村）、龙王庙（东桃园）、龙王庙（法城村）、龙王庙（上清水）、龙王庙（杨家村）、龙王庙（苇子水）、龙王庙（军响村）、龙王庙（孟悟村）、龙王庙（高铺村）、龙王庙（田庄村）、龙王庙（艾峪村）、龙王庙（小龙门）
				扁鹊等药神	未列级	药王庙（龙泉务）、药王庙遗址（李家庄）
					其他	药王庙（后嗓峪）、药王庙（河南台）、药王庙（桥户营）
				关羽	市、县级	关帝庙（琉璃渠）、关帝庙（斋堂镇）、关帝庙（三家店）
					未列级	关帝庙（石门营）、关帝庙（小龙门）、关帝庙（东辛房）、关帝庙（西落坡）、关帝庙（西马各庄）、关帝庙（涧沟村）、关帝庙（桃园村）、关帝庙（松树村）、关帝庙（鲁家滩）、关帝庙（西桃园）、关帝庙（太子墓）、关帝庙（灰峪村）、关帝庙（河南台）、关帝庙（双石头）、关帝庙遗址（禅房村）、关帝庙（付家台）、关帝庙（桥耳涧）
					其他	关帝伏魔庙、关帝庙（万佛堂）、关帝庙（担礼村）、关帝庙（东辛称）、关帝庙（马家套）、关帝庙（韭园村）、关帝庙（南辛房）、关帝庙（苛罗坨）、关帝庙（东斋堂）、关帝庙（柏峪村）
				桃园三结义：刘备关羽张飞	未列级	三义庙（天桥浮）
					其他	三义庙遗址
				树神	其他	树神庙

续表

地位	价值	特性	分类		文物保护级别	各类遗存
			特性分类	宗教分类		
门头沟区是北京地区宗教文化圣地，在北京宗教空间体系中具有独特性并占有显赫地位	门头沟区宗教文化源远流长、兼收并蓄、多元融合，蕴含着丰富的文化艺术，地域特征明显，使得北京宗教文化更加绚丽多姿	2. 独特的地理位置、山川地貌及文化传统，结合生产生活特征形成了北京地区独具特色的民间宗教信仰	民间信仰宗教类型	窑神	区级	圈门窑神庙
					未列级	秀峰庵、玉皇庙、毗卢寺遗址、月严寺过殿遗址
				祭祀马王爷	未列级	马王庙（淤白村）
				山岳神	未列级	山神庙（山神庙村）
					其他	山神庙（桥耳涧）、山神庙（下清水）、山神庙（南港村）、山神庙（官道村）
				观音菩萨	区级	菩萨庙（北港沟）
					未列级	观音庙（小龙门）、菩萨庙（妙峰山）、观音庙（涧沟村）、观音庙（桥耳涧）
					其他	极乐洞观音寺、佛龛山观音洞、极乐洞观音寺、上观音庵（梁家台）、菩萨庙（板桥村）
				求子护子赐福免灾农耕经商姻缘等	区级	娘娘庙（大村）、娘娘庙及灵官殿（妙峰山）、娘娘庙（北港沟）
					未列级	娘娘庙遗址（安家庄）、娘娘庙（东山村南街2号）、娘娘庙及崔奶奶（田庄村）、娘娘庙（灵水村）、娘娘庙（上苇店）
					其他	关帝娘娘庙、下娘娘庙、娘娘庵（下苇甸）、天仙娘娘庙（东斋堂）、娘娘庙（军响）、九天娘娘庙（珠窝村）、上娘娘庙、娘娘殿（太子墓）、娘娘庙（何各庄）
				五道将军	未列级	五道庙（下苇甸）、五道庙（贾沟村）、五道庙（松树村）、五道庙（平原村）、五道庙（碳厂村）
					其他	五道神祠（杨家村）、五道庙（南港村）、五道庙（太子墓）、五道庙（南涧村）、五道庙（永定镇）、五道庙（冯村）、五道庙（王村）、五道神祠（房良村）、五道庙（杨家峪）
				其他	区级	二郎庙、灵官殿（涧沟村）、白云岩石殿堂、白衣庵（三家店村）
					未列级	庵庙（军响村）、温水峪庙、二郎庙遗址（东斋堂）、马王庙（三家店）、东庵庙（东平村）、三官庙遗址、马王庙（灵水村）、东庵庙（东山村）、天仙庙（东斋堂）、东庵庙遗址、城隍庙（军庄村）、灵泉庵、胜泉寺（珠窝村）、东大庙（孟悟村）、古刹天仙宫、南大庙（平原村45号）

续表

地位	价值	特性	分类		文物保护级别	各类遗存
			特性分类	宗教分类		
门头沟区是北京地区宗教文化圣地，在北京宗教空间体系中具有独特性并占有显赫地位	门头沟区宗教文化源远流长、兼收并蓄、多元融合，蕴含着丰富的文化艺术，地域特征明显，使得北京宗教文化更加绚丽多姿	2. 独特的地理位置、山川地貌及文化传统，结合生产生活特征形成了北京地区独具特色的民间宗教信仰	民间信仰宗教类型	其他	其他	傻哥哥殿、仙人洞、文昌庙（灵水村）、圣母元后（岳家坡）、天仙圣母庙（灵水村）、真武庙（东龙门）、三官庙（白道子）、玄帝庙（灵水村）、九圣庙、双圣庙遗址、府君庙（西王平）、三圣庙（板桥村）、城隍庙（东斋堂）、城隍庙（西杨坨）、马王庙（西王平）、圣母庙（冯村）、五圣庙、三教庵、圣泉寺（火村）

这里有建于西晋的潭柘寺（图2-2-13），至今已有1700年的历史，素享“京城第一佛寺”的称誉，是北京规模最大的皇家寺院。戒台寺（图2-2-14），始建于唐代武德五年（公元622年），寺内建有全国最大的佛教戒坛；白瀑寺，寺中建于金代皇统六年（公元1146年）的圆正法师塔（图2-2-15），上部密檐，下部覆钵，是国内罕见的古塔类型；栖隐禅寺，前身为北魏太和年间的隆寿寺，寺庙中有佛塔500余座，蔚然壮观。此外还有灵岳寺（图2-2-16）、双林寺、

图2-2-13　潭柘寺

图2-2-14　戒台寺

图2-2-15　白瀑寺的圆正法师塔

图2-2-16　灵岳寺

关帝庙、城子清真寺等。古道纵横，寺庙星罗，对于村落的发育产生了聚集效应，皈依的、修行的、避世的、落难的各色人等汇聚起来，逐渐构织出一幅山路纵横、寺庙俨然、宅院错落、炊烟缭绕、绿树掩映的独特景致。

（5）京西煤业文化

核心价值：门头沟的京西煤业是北京的重要能源支撑。以“门头沟—京城”为核心的煤业遗产体系是13世纪至20世纪京城能源利用的历史见证、近现代工业发展的重要标志（图2-2-17~图2-2-20）。

图2-2-17
京西煤业文化的见证1

图2-2-18
京西煤业文化的见证2

图2-2-19
京西煤业文化的见证3

图2-2-20
京西煤业文化的见证4

门头沟区蕴藏着丰富的矿产资源，主要有煤炭、石灰岩、耐火黏土、花岗岩、大理石等，号称“乌金遍地下、百宝满山川”。煤矿储藏面积近700平方千米，约占门头沟区总面积的一半，是中国五大无烟煤产地之一。

门头沟区开采使用煤炭的历史可以追溯到公元10世纪的辽、金时期，当时的煤炭主要用于龙泉务瓷窑的生产制造。元代意大利旅行家马可·波罗在游记中记载了北京人使用煤炭的情况[①]。《大元一统志》也明确记载西山地区开采煤矿[②]。明代京城大规模使用煤炭，“京城军民，百万之家，皆以石煤代薪”[③]。清代《帝京岁时纪胜》载：“西山煤为京师之至宝，取之不竭，最为便利。”北京坊间也有民谣说

---

①《马可波罗游记》记载：“契丹全境之中有一种黑石，采自山中，如同脉络，燃烧与薪无异，其火候且较薪为优。盖若夜间燃火，次晨不息，其质优良。致使全境不燃他物。”

②《大元一统志》记载：“石炭煤，出宛平县西四十五里大谷山，有黑煤三十余洞。又西南五十里桃花沟，有白煤十余洞……水火炭，出宛平县西北二百里斋堂村，有炭窑一所。”

③ 明成化二十三年（公元1487年）礼部右侍郎丘濬提出京城以煤替代柴炭的主张。

“烧不尽的西山煤”。历史上，门头沟的煤炭与京城的皇家贵族和平民百姓的生活有着密不可分的联系。

古代采煤工具简单，人工采掘，畜力驮运，条件艰辛。由于采煤行业的报酬稍高一些，“价值极丰，贫民竞赴焉”，逐渐在煤窑坑口附近形成窑工村庄。村里的家庭成员有的去挖煤，有的去料理农活，以图养家糊口。同时，西山地区在漫长的采煤历程中，形成了具有独特行业特征的文化传统和习俗，包括祭祀窑神、庙会活动，以及特殊的行规、行话、民谚和禁忌等，成为煤业遗产体系中的历史积淀。

新中国成立之后，门头沟煤矿收归国有，隶属京西矿务局，自此京西煤业进入了新的发展历程。20世纪末，门头沟区落实北京市新功能定位，向绿色生态涵养区转型。1998年以来，门头沟关闭了全部煤矿和小煤窑。2020年，京煤集团木城涧煤矿和大台煤矿相继关停。门头沟区彻底告别上千年采煤史，启航新时代的生态保护和绿色发展的伟大征程。

（6）军事历史文化

核心价值：门头沟区山峦叠嶂，沟壑密布，特殊的地理地貌把这一带塑造成为北京西部的自然屏障和门户。明清时期，为了保卫京城的安全，在这里修建了长城，迄今留存许多遗址。20世纪的抗日战争时期，门头沟区成为北平红色革命启蒙地之一，在党的领导下，创建了北平第一个抗日根据地平西抗日根据地，为抗日战争的胜利作出伟大的贡献。今天，这些古代的和近代的军事历史遗产，都成为开展爱国主义教育和红色历史教育的生动教材。

明代初期，为了保卫京城安全，在门头沟一带依托长城、古道、水路、沟谷等防御要冲，筑起城堡、关隘、料敌台、烽火台等军事设施，形成营垒密布、重兵把守的军事防御体系。军事营垒的驻防主要由戍守将士及眷属组成。清末民初，戍守将士纷纷脱离军籍，解甲归田，购买城堡关隘附近的土地山场，就地安家，逐渐形成以军户为主体的村落。现今留存的军户型古村落大部分坐落在地势险峻地带，以城墙营垒的遗存为村落边界，风貌上朴实厚重，乡土气息浓烈。如军庄镇的军庄村、斋堂镇的沿河口村、沿河城村，王平镇的王平口村等。

1938年3月，晋察冀军区第一支队政委邓华率三大队进入斋堂川，创建了平西抗日根据地。在党的领导下，党员和群众骨干编成工作组，发动群众，建立武装，开展轰轰烈烈的抗日救国运动。平西抗日根据地成为插在华北敌后的一把尖刀。1939年初，肖克、马辉之等奉中共中央和中央军委的命令，率部到达宛平县上清水村和下清水村，成立冀热察挺进军。1939年夏，挺进军司令部移至门头沟斋堂镇马栏村，今存旧址为一座四合院，坐北朝南，面积680平方米，瓦房10间，保存完好，辟为红色历史文化陈列馆。陈列馆周围有张兰珠就义、张秀林跳崖、防空洞等多处抗战遗址（图2-2-21～图2-2-24）。

图2-2-21
冀热察挺进军司令部

图2-2-22
墙上留存的抗战标语

图2-2-23
沿河口村军事防御

图2-2-24
马栏村的红色印记

2.3 门头沟区的传统村落

1）中国历史文化名村

斋堂镇：爨底下村（图2-3-1）、灵水村（图2-3-2）。

龙泉镇：琉璃渠村（图2-3-3）。

图2-3-1 爨底下村

图2-3-2　灵水村

图2-3-3　琉璃渠村

2）中国传统村落

龙泉镇：琉璃渠村、三家店村。

雁翅镇：苇子水村（图2-3-4）、碣石村（图2-3-5）。

斋堂镇：爨底下村、灵水村、黄岭西村、马栏村（图2-3-6）、沿河城村、西胡林村。

王平镇：东石古岩村。

大台街道：千军台社区[①]。

图2-3-4　苇子水村

① 千军台社区原为千军台村，20世纪90年代末村镇行政改制，现为大台街道千军台社区。

图2-3-5　碣石村

图2-3-6　马栏村

3）北京市传统村落

2018年，北京市人民政府公布全市首批44个市级传统村落，其中14个分布在门头沟区的辖区内，除了上述的12个中国传统村落外，还有清水镇的燕家台村和张家庄村（图2-3-7～图2-3-9）。

图2-3-7　燕家台村

图2-3-8　张家庄村

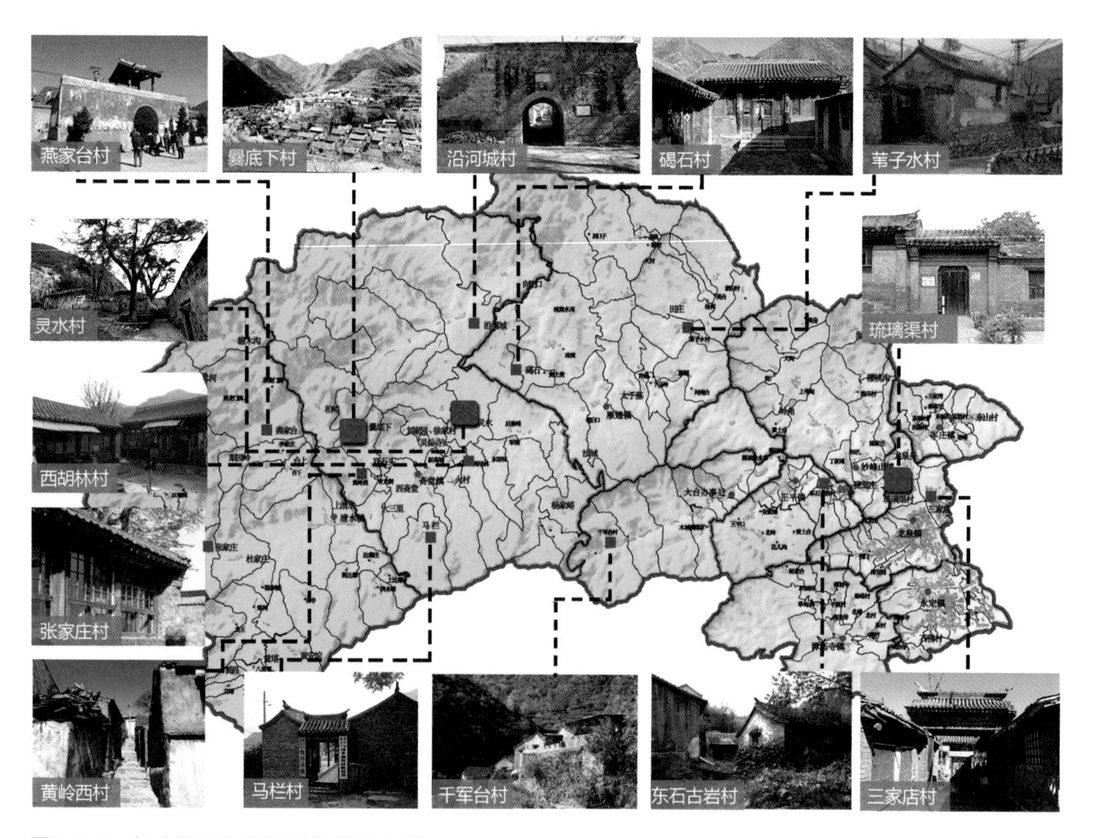

图2-3-9　门头沟14个市级传统村落分布图

4）门头沟区其他传统村落

根据近几年来的实地调查，门头沟境域内还发现55个历史风貌保存较好的村落（图2-3-10，表2-2）。

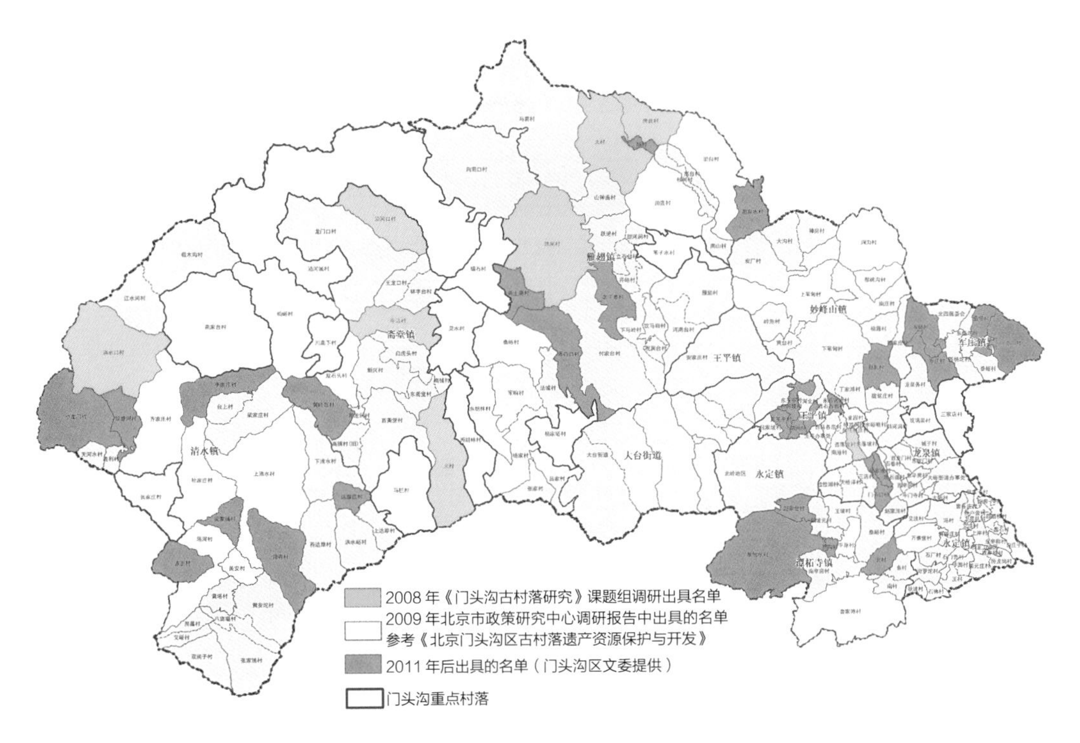

图2-3-10　门头沟区传统村落分布图

这些村落具有太行山区东麓传统村落的基本特征，又显现出各自的风貌特色。特别是处于深山腹地的村落，大多建造于明清时期，村庄形态、组织肌理、道路结构、院落格局、建筑形式，至今都保留完整。石墙、石路、井台、古树、庙宇、戏台，比比皆是，形成一处处镶嵌在青山绿水之间的传统村落群。

门头沟区传统村落一览表　**表2-2**

序号	村名	镇名
1	• 灵水村	斋堂镇
2	• 马栏村	斋堂镇
3	• 西胡林村	斋堂镇
4	• 爨底下村	斋堂镇
5	• 黄岭西村	斋堂镇
6	• 沿河城村	斋堂镇

续表

序号	村名	镇名
7	桑峪村	斋堂镇
8	柏峪村	斋堂镇
9	双石头村	斋堂镇
10	火村	斋堂镇
11	牛战村	斋堂镇
12	沿河口村	斋堂镇
13	东胡林村	斋堂镇
14	杨家峪村	斋堂镇
15	• 张家庄村	清水镇
16	• 燕家台村	清水镇
17	小龙门村	清水镇
18	洪水口村	清水镇
19	齐家庄村	清水镇
20	塔河村	清水镇
21	龙王村	清水镇
22	黄安村	清水镇
23	双塘涧村	清水镇
24	李家庄村	清水镇
25	田寺村	清水镇
26	达摩庄村	清水镇
27	梁家舖村	清水镇
28	杜家庄村	清水镇
29	上清水村	清水镇
30	• 碣石村	雁翅镇
31	• 苇子水村	雁翅镇
32	泗家水村	雁翅镇
33	太子墓村	雁翅镇
34	淤白村	雁翅镇
35	珠窝村	雁翅镇
36	杨村	雁翅镇
37	黄土贵村	雁翅镇
38	青白口村	雁翅镇

续表

序号	村名	镇名
39	田庄村	雁翅镇
40	大村	雁翅镇
41	房良村	雁翅镇
42	• 东石古岩村	王平镇
43	东王平村	王平镇
44	西王平村	王平镇
45	韭园村	王平镇
46	西落坡村	王平镇
47	色树坟村	王平镇
48	南涧村	王平镇
49	• 三家店村	龙泉镇
50	• 琉璃渠村	龙泉镇
51	※门头口村	龙泉镇
52	※岳家坡村	龙泉镇
53	军庄村	军庄镇
54	孟悟村	军庄镇
55	灰峪村	军庄镇
56	东山村	军庄镇
57	涧沟村	妙峰山镇
58	樱桃沟村	妙峰山镇
59	上苇甸村	妙峰山镇
60	担礼村	妙峰山镇
61	赵家台（老村）	潭柘寺镇
62	草甸水村	潭柘寺镇
63	贾沟村	潭柘寺镇
64	※鲁家滩村	潭柘寺镇
65	平原村	潭柘寺镇
66	※石佛村	永定镇
67	※万佛堂村	永定镇
68	※石门营村	永定镇
69	• 千军台村	大台街道办事处

注：• 标注为14个市级传统村落，※标注为6个城镇化地区历史风貌保存较好的村落。

2.4 整体风貌定位

《导则》将门头沟区村庄民宅整体风貌定位为：京畿乡愁承载地，京西山地古民居。

“京畿”一词是中国古代城市规划中的基本概念之一，最早见于汉代潘勗的《册魏公九锡文》：“遂建许都，造我京畿”。京畿指的是京师周边的地区，这些地区的地形地貌能够成为拱卫京师的地理屏障，能够向京师提供物资供给。唐代有京畿道，宋代有京畿路。明清以来的京畿指的是北京及其周边地区。门头沟地处太行山东麓，扼守进入京师的西大门，自古以来作为京师西陲的京畿重地。

“乡愁”一词指的是思念故乡或旧地的一种情感。这种情感在中国古代文化的表达上主要体现出一种特殊的人文意义。乡愁情感最早在《诗经·小雅》中就有描述：“昔我往矣，杨柳依依；今我来思，雨雪霏霏。”在社会主义建设发展的新时代，“乡愁”具有了更为深刻的含义。“乡愁是什么意思呢？就是你离开了这个地方会想念这个地方。”[①] 习近平总书记提到的“乡愁”，体现出人民领袖对国家、对人民的赤子深情。习近平总书记多次强调在新农村建设中要注重“乡愁”的作用。“建设社会主义新农村，要规划先行，遵循乡村自身发展规律，补农村短板，扬农村长处，注意乡土味道，保留乡村风貌，留住田园乡愁。”[②]“新农村建设一定要走符合农村实际的路子，遵循乡村自身发展规律，充分体现农村特点，注意乡土味道，保留乡村风貌，留得住青山绿水，记得住乡愁。”[③]

北京地区的地形地貌特点是西北部为山地，东南部为平原。山地有东西走向的燕山和南北走向的太行山，山地面积约占全市域

① 习近平在安徽凤阳县小岗村召开农村改革座谈会. [EB/OL] [2016-04-25] (https://baijiahao.baidu.com/s?id=1612447657399017859&wfr=spider&for=pc)

② 同①

③ 习近平看望鲁甸地震灾区干部群众. [EB/OL] [2015-01-19] (http://news.cntv.cn/2015/01/21/ARTI1421844902600306.shtml)

总面积的62%。门头沟区是北京市山地最多的区，境内的灵山海拔2303米，为北京市的最高山峰。因此，用“山地”来形容门头沟区的地形地貌是最为恰当不过的。

传统村落和古民居是门头沟区的文化瑰宝。迄今，门头沟区是北京市拥有传统村落和古民居数量最多的区，69个风貌保存完好的传统村落，以及分布在这些传统村落里面的古民居，交织着历史、军事、宗教、民俗、地域、红色等文化特色，成为饱含浓郁乡愁和生动记忆的承载地。

因此，“京畿乡愁承载地，京西山地古民居”这句话可以通俗地理解为：门头沟区作为拱卫首都北京的重要地区，山峦叠青翠，河水扬绿波，传统村落和古民居星罗棋布，是北京地区蕴藏乡愁和记忆的宝藏之地。

2.5　村落风貌特征

1）依山傍水的居住环境

村庄布局依山就势、山水相融、和谐共生。

爨底下村位于门头沟区斋堂镇，2003年被评为首批中国历史文化名村，2012年被住房和城乡建设部、文化部、财政部公布为第一批中国传统村落。村庄初建于明代，相传由山西洪洞县大槐树下移民聚居而建。迄今全村保存有传统院落74个，房屋689间，大部分四合院、三合院为清后期建造，少量建造在民国时期（图2-5-1、图2-5-2）。

爨底下村是一座平面布局呈扇形的村落，由石头、青砖、泥土组成的四合院、三合院建筑循山就势，沿着崖坡用山石搭建起来多层平台托，托起一层层向上延伸的房屋，形成一座修建在山崖上的村庄。沿着山坡整体展现出一个巨大的建筑立面，由青、红、白、

图2-5-1
爨底下村的民居1

图2-5-2
爨底下村的民居2

黄、黑等多种颜色构成斑斓的色块。

村落正前方是一条带状的河沟，一条近两百米长的石头砌筑的弓形围墙环绕村前。另一条两百多米长、十至二十米高的弧形护坡墙将村落隔成两半，一半排列在缓坡上，一半骑在山崖上，宛如一座微缩的城池。粗粝的块石筑成陡峭的护坡，沿着山崖垒砌的高台，形成了城垒式的防御体系（图2-5-3、图2-5-4）。

图2-5-3
村庄内的弓形护坡墙1

图2-5-4
村庄内的弓形护坡墙2

村庄的建筑材料就地取材，建成石屋、石墙、石阶、石道、石碾等（图2-5-5、图2-5-6）。得益于科学合理的选址和布局，这个村庄四百年来没有发生泥石流、山体塌方、水灾等地质灾害。爨底下村具有极高的科研价值、建筑价值和艺术价值。

图2-5-5　石道石墙

图2-5-6　石碾

灵水村位于门头沟区斋堂镇，2005年被列入第二批中国历史文化名村，2012年被住房和城乡建设部、文化部、财政部公布为第一批中国传统村落，2019年入选第一批全国乡村旅游重点村。村庄形成于辽金，兴盛于明清。村落营建基于传统的“风水”理念，总体布局呈玄武（龟）形状，头在南楼，尾在北庙，四周庙宇象征四肢，三条纵横的街道构成龟甲纹路，村庄院落肌理仿佛是一幅龟背图（图2-5-7）。群山环抱，前罩抓鬏山，后靠莲花山，依山泉而建，水绕村而流，构成“天人合一”的自然格局。村内前后三条石头铺砌的小路串联起一个个院落，层层叠叠，蜿蜒错落，若隐若现，簇拥在茂密的绿荫之中。灵水村堪称中国北方明清时期乡村建筑的典范（图2-5-8～图2-5-10）。

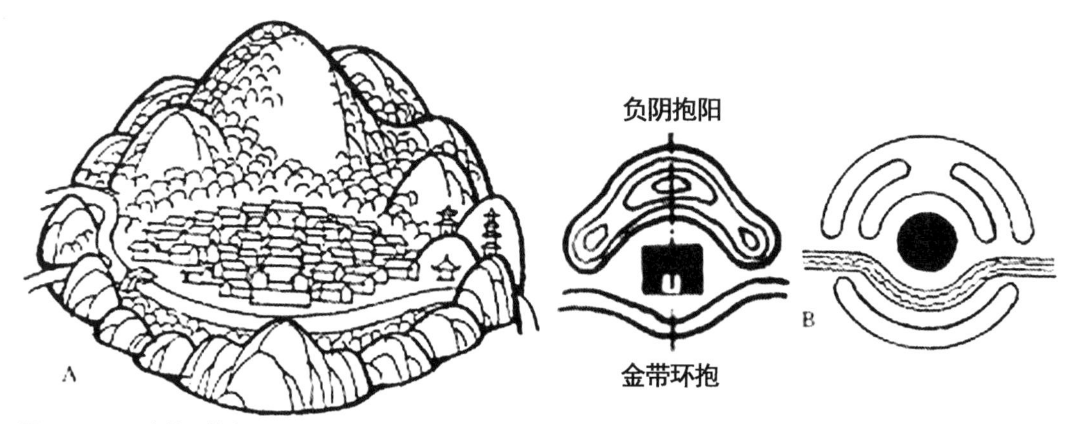

图2-5-7　风水格局模式图

图2-5-8　灵水村鸟瞰

图2-5-9　灵水村村口

图2-5-10　灵水村内景

灵水村的先人将“尊祖敬宗、尊卑有序、崇尚仕途、报效国家”的理念植入建筑之中，利用风水形态隐喻宗族兴旺的希冀，增强宗族的自信。他们勤于耕读之道，注重儒礼教化。在明清时期出现了科甲绵连的盛景，出过两任知州、两位进士、二十二名举人，读书入仕者众多，当地赞誉灵水村为“举人村”。

2）官窑工场的村落格局

世代传承皇家窑作，村落文化特色彰显。

琉璃渠村位于门头沟区三家店永定河古渡口西岸，是一座经历辽、金、元、明、清五朝的千年古村，琉璃烧造工艺是该村传承千年的传统技艺，2007年被列入第三批中国历史文化名村，2012年被住房和城乡建设部、文化部、财政部公布为第一批中国传统村落。该村保存有规模完整的琉璃厂商宅院（图2-5-11）、北京唯一的一座清代黄琉璃屋顶过街天桥（图2-5-12）、万缘同善茶棚等历史建筑，还有西山大道古道遗址以及数十套清代民居院落等建筑以及文物（图2-5-13、图2-5-14）。古色浓郁，古韵生动，外来游客进入村中犹如置身历史时空隧道。

图2-5-11　厂商宅院

图2-5-12　过街天桥

图2-5-13　邓氏老宅

图2-5-14　李家老宅

琉璃渠村曾是北京最大的琉璃制品生产基地。在封建社会中，琉璃制品属于皇家御用品，普通百姓不能使用。所以琉璃渠窑厂一直为官窑工场，在这里设立了六品监造官，专司皇家琉璃用品的制作。乾隆二十一年（公元1756年），在村东入口处建起一座三官阁过街楼，专门供奉天官、地官、水官，祈保一方平安。

3）建筑特色

（1）京西特色的山地四合院

四合院建筑是中国古代建筑中历史悠久、形制稔熟的一种形式。最早的考古实例是陕西岐山凤雏村出土的西周时期的祭祀建筑遗址，距今已有3000余年的历史。四合院建筑的布局基本采用中轴端直、两翼对称的方式，沿着中轴线纵向或者横向布置房屋。京西山地四合院首先在中轴线纵向布置主要房屋，例如正院、正房、上房，然后在院子左右两侧对称布置体量较小的建筑，通常是厢房，然后在正房的对面布置一座次要建筑，称作倒座，最后沿着房屋的外侧建造一圈围墙，由此构成一座正方形或长方形的围合院落，称作四合院（图2-5-15～图2-5-18）。

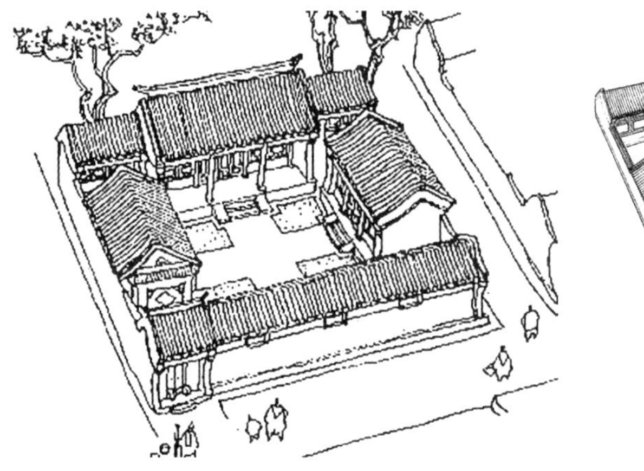

图2-5-15　一进院

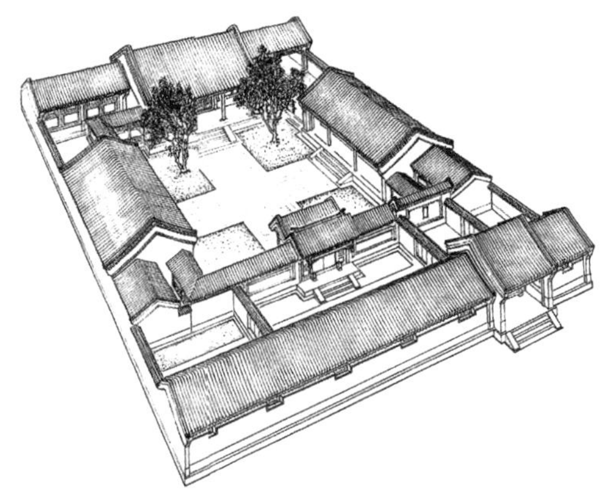

图2-5-16　二进院

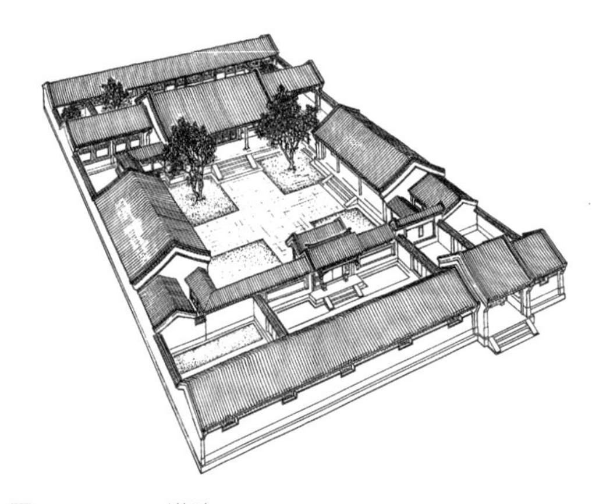

图2-5-17　三进院

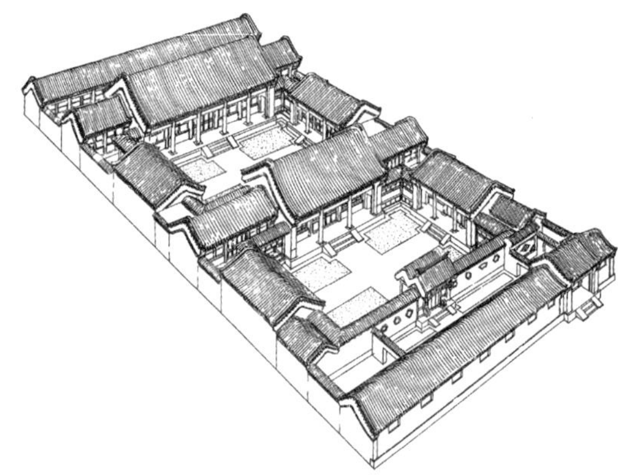

图2-5-18　四进院

门头沟的传统村落群是京西古村落群的主要组成部分，是我国北方地区保存完整、文化价值独特的山地四合院建筑群，以三合院、四合院为主，房屋的体量和布局方式基本相同。

由于地处山区，地形地貌变化大。门头沟区的村落布局在空间形态上既有平面上的灵活，也有高程上的起伏，呈现出“依台地由低到高错落，沿等高线左右横向扩展”的特点，因地制宜地营造出格局不同的院落形式。山区用地条件局促，因此院落布局紧凑，通常房屋的规模是正房三间，部分五间，少有耳房；厢房多为两间，部分三间。

受限于地形地势，山地四合院不论在院落面阔、进深的规模上，还是在房屋的开间、进深、檐口高度上，其尺寸大都逊于平原地区的四合院。

另外，受到太行山区自然与文化的影响，门头沟区山地四合院的形制更接近山西四合院的尺度，传统民居的建筑文化明显带有山西民居的特点。

门头沟区山地四合院大致归类为三种主要形式（图2-5-19~图2-5-24）。

- 标准布局院落：

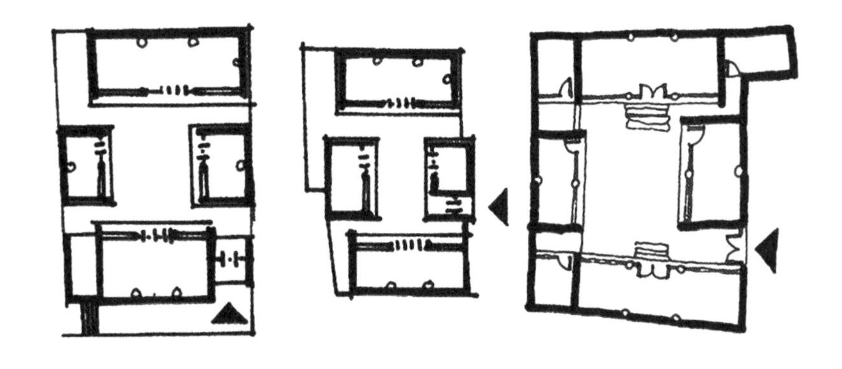

图2-5-19
四合院平面图

图2-5-20
四合院

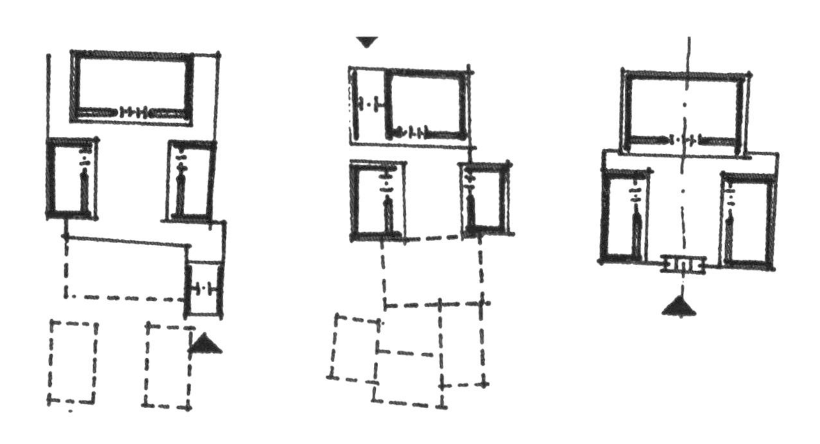

图2-5-21
三合院平面图

图2-5-22
三合院

• 纵向布局院落：

图2-5-23
纵向组合的院落

• 横向布局院落：

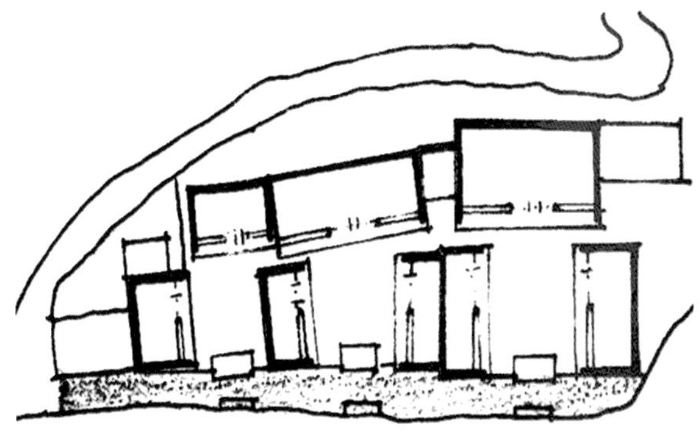

图2-5-24　横向组合的院落

（2）就地取材的建筑材料

村庄的建筑材料就地取材，多采用当地的木材、石材等，建成具有当地特色的建筑物、构筑物、景观小品等（图2-5-25～图2-5-32）。

图2-5-25　建筑材料——琉璃

图2-5-26　建筑材料——石材1

图2-5-27　建筑材料——石材2

图2-5-28　建筑材料——石材3

（3）样式精美的建筑装饰

门头沟区的古民居建筑中，有着各类精美的建筑装饰，展现了中国千年的古老技艺传承，体现了工匠精湛的技艺以及当时人们的美好生活愿望。

图2-5-29　门楼的精美砖雕

图2-5-30　建筑上的精美彩绘

图2-5-31　精美的木雕

图2-5-32　精美的砖雕

叁

村庄民宅风貌引导

3.1 编制原则

1）六个不变原则

充分尊重村庄民宅的地域属性，在村庄民宅风貌引导中重点强调村址不变、宅基地不变、胡同肌理不变、文物古树位置不变、一户一宅不变和老宅院不变，充分体现门头沟村庄民宅的乡土原真性。

2）突出村落特色原则

体现门头沟历史文化底蕴价值，挖掘门头沟不同历史年代村落特色，保留具有地域文化、历史沉积的建筑、构筑物、装饰物，梳理汲取其文化内涵，结合各类型村庄现状与未来发展规划，通过改造或新建，打造具有鲜明传统特色风貌的村庄民宅。

3）经济可实施性原则

村庄民宅的改造升级方案设计要符合门头沟本地区发展需求和农村实际情况，以提高经济效益，带动本地区发展为目标，重点体现方案设计的经济性、合理性和易操作性。

4）节能绿色环保原则

着力保护村庄的传统风貌，保护历史文化遗存，在不破坏生态环境的前提下，慎砍树、不挖塘、少拆房，尽量就地取材，做好资源再利用。鼓励采用新能源、新材料、新技术，将绿色环保节能作为设计方案的重要原则。

5）改善居民生活原则

改善村民生活条件，调整户型布局，去除安全隐患，保证房屋结构安全性。在不破坏传统风貌特色的前提下，对保留建筑进行改造，提升居住功能，满足现代生活需求。新建建筑严格遵照国家和北京市住宅建设相关标准进行设计。

3.2 村庄风貌分类

1）村庄分类思路

村庄风貌依据村庄建成的历史时期、地形地貌特征、六大文化特色、村庄历史文化与文物保护级别划分为不同村庄类型，根据不同类型进行差异化引导。

2）村庄分类统计

（1）村庄历史时期分类

晋、唐时期形成的村庄有禅房村、平原村、齐家庄村、黄塔村、碣石村、高台村、三家店村和军庄村，共8个村庄（图3-2-1）。

图3-2-1
晋唐时期村庄风貌——碣石村龙王庙

辽、金、元时期形成的村庄有琉璃渠村、沿河城村、燕家台村、西斋堂村、涧沟村、台上村、淤白村、赵家台村、上清水村、下清水村、杜家庄村、塔河村、黄安村等22个村庄（图3-2-2）。

图3-2-2 辽代村庄风貌——西斋堂村

明、清时期形成的村庄有爨底下村、灵水村、马栏村、苇子水村、黄岭西村、西胡林村、东石古岩村、张家庄村、韭园村、达摩庄村、樱桃沟村、东山村等92个村庄（图3-2-3）。

图3-2-3 明初期村庄风貌——爨底下村

近、现代时期形成的村庄有西达摩村、椴木沟村、贾沟村、西落坡村、饮马鞍村、沿河口村、王村等9个村庄（图3-2-4）。

其他形成年代不详的有7个。

图3-2-4
现代村庄风貌——王村

各个历史时期村庄的占比为：晋、唐时期村庄8个，占比6%；辽、金、元时期村庄22个，占比16%；明、清时期村庄92个，占比67%；近、现代时期村庄9个，占比6%；其他村庄7个，占比5%（图3-2-5，表3-1）。

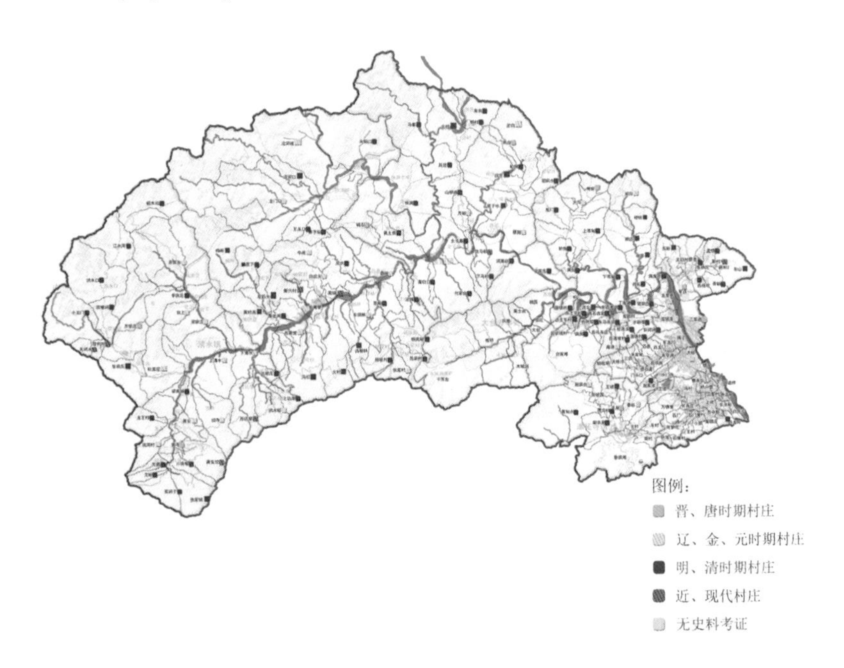

图3-2-5
村庄建成时期分类图

村庄历史时期分类一览表

表3-1

所属乡镇	村庄名称	村庄建成年代分类				
		晋、唐时期	辽、金、元时期	明、清时期	近、现代时期	无考证
军庄镇	军庄村	√				
	西杨坨村			√		
	东杨坨村			√		
	灰峪村			√		
	孟悟村			√		
	东山村			√		
	香峪村			√		
	新村				√	
龙泉镇	琉璃渠村		√			
	三家店村	√				
	大峪村					√
	赵家洼村			√		
	龙泉务村		√			
妙峰山镇	丁家滩村			√		
	水峪嘴村			√		
	斜河涧村			√		
	陈家庄村			√		
	担礼村			√		
	下苇甸村			√		
	桃源村			√		
	南庄村			√		
	樱桃沟村			√		
	涧沟村		√			
	陇架庄村			√		
	上苇甸村			√		
	炭厂村			√		
	大沟村					√
	禅房村	√				
	黄台村			√		
	岭角村			√		

续表

所属乡镇	村庄名称	村庄建成年代分类				
		晋、唐时期	辽、金、元时期	明、清时期	近、现代时期	无考证
潭柘寺镇	南辛房村			√		
	桑峪村					√
	贾沟村				√	
	草甸水村				√	
	赵家台村		√			
	平原村	√				
	王坡村			√		
清水镇	燕家台村		√			
	李家庄村			√		
	台上村		√			
	梁家庄村					√
	上清水村		√			
	下清水村		√			
	田寺村					√
	西达摩村				√	
	洪水峪村					√
	上达摩村				√	
	达摩庄村				√	
	椴木沟村				√	
	杜家庄村		√			
	张家庄村			√		
	齐家庄村	√				
	双塘涧村			√		
	胜利村				√	
	天河水村				√	
	小龙门村			√		
	洪水口村			√		
	江水河村			√		
	梁家铺村			√		
	塔河村		√			
	黄安村		√			
	龙王村			√		

续表

所属乡镇	村庄名称	村庄建成年代分类				
		晋、唐时期	辽、金、元时期	明、清时期	近、现代时期	无考证
清水镇	黄安坨村				√	
	黄塔村	√				
	八亩堰村			√		
	简昌村			√		
	艾峪村			√		
	张家铺村			√		
	双涧子村			√		
王平镇	安家庄村			√		
	河北村			√		
	西王平村			√		
	东王平村			√		
	南涧村			√		
	色树坟村			√		
	西石古岩村			√		
	东石古岩村			√		
	西马各庄村			√		
	东马各庄村			√		
	南港村		√			
	韭园村			√		
	桥耳涧村			√		
	西落坡村				√	
	东落坡村			√		
	吕家坡村			√		
雁翅镇	河南台村			√		
	雁翅村		√			
	芹峪村		√			
	饮马鞍村				√	
	下马岭村			√		
	太子墓村			√		
	付家台村			√		
	青白口村			√		
	碣石村	√				
	黄土贵村			√		

续表

所属乡镇	村庄名称	村庄建成年代分类				
		晋、唐时期	辽、金、元时期	明、清时期	近、现代时期	无考证
雁翅镇	大村			√		
	房良村			√		
	杨村			√		
	马家套村			√		
	山神庙村			√		
	跃进村			√		
	泗家水村			√		
	松树村			√		
	淤白村		√			
	高台村	√				
	苇子水村			√		
	田庄村			√		
	珠窝村			√		
斋堂镇	火村			√		
	马栏村			√		
	青龙涧村			√		
	黄岭西村			√		
	双石头村			√		
	爨底下村			√		
	柏峪村			√		
	牛站村		√			
	白虎头村		√			
	新兴村					√
	西斋堂村		√			
	沿河城村		√			
	沿河口村			√		
	龙门口村					√
	王龙口村				√	
	林字台村				√	
	向阳口村				√	
	西胡林村				√	

续表

所属乡镇	村庄名称	村庄建成年代分类				
		晋、唐时期	辽、金、元时期	明、清时期	近、现代时期	无考证
斋堂镇	东胡林村		√			
	军响村				√	
	桑峪村		√			
	灵水村			√		
	法城村				√	
	杨家村				√	
	张家村		√			
	吕家村				√	
	杨家峪村				√	
	高铺村				√	
	东斋堂村			√		
永定镇	卧龙岗村			√		

（2）村庄地形地貌分类

根据村庄地形地貌的主要特征分类，平原型村庄1个，浅山型村庄34个（图3-2-6），深山型村庄103个（图3-2-7），滨水型村庄43个（图3-2-8）。多个村庄介于两种地形地貌交接地带，按照村庄所属地形地貌类型多重划分类别（图3-2-9，表3-2）。

图3-2-6　浅山型村庄风貌——岭角村

图3-2-7 深山型村庄风貌——爨底下村

图3-2-8 滨水型村庄风貌——青白口村

图3-2-9 村庄所处地形地貌分类图

村庄地形地貌分类一览表　表3-2

所属乡镇	村庄名称	深山型	浅山型	平原型	滨水型
军庄镇	军庄村		√		
	西杨坨村		√		
	东杨坨村		√		
	灰峪村		√		
	孟悟村		√		
	东山村		√		
	香峪村		√		
	新村		√		
龙泉镇	琉璃渠村		√		√
	三家店村		√		√
	大峪村		√		
	赵家洼村		√		
	龙泉务村		√		
妙峰山镇	丁家滩村		√		√
	水峪嘴村		√		√
	斜河涧村		√		
	陈家庄村		√		√
	担礼村		√		
	下苇甸村		√		√
	桃园村		√		
	南庄村	√			
	樱桃沟村	√			
	涧沟村	√			
	陇驾庄村		√		√
	上苇甸村	√			√
	炭厂村	√			
	大沟村	√			
	禅房村	√			
	黄台村		√		
	岭角村	√			√
潭柘寺镇	南辛房村		√		
	桑峪村	√			
	贾沟村		√		
	草甸水村	√			
	赵家台村	√			

续表

所属乡镇	村庄名称	深山型	浅山型	平原型	滨水型
潭柘寺镇	平原村		√		
	王坡村	√			
清水镇	燕家台村	√			
	李家庄村	√			
	台上村	√			
	梁家庄村	√			
	上清水村	√			√
	下清水村	√			
	田寺村	√			
	西达摩村	√			
	洪水峪村	√			
	上达摩村	√			
	达摩庄村	√			
	椴木沟村	√			
	杜家庄村	√			
	张家庄村	√			
	齐家庄村	√			
	双塘涧村	√			
	胜利村	√			
	天河水村	√			
	小龙门村	√			
	洪水口村	√			
	江水河村	√			
	梁家铺村	√			√
	塔河村	√			√
	黄安村	√			
	龙王村	√			
	黄安坨村	√			
	黄塔村	√			√
	八亩堰村	√			√
	简昌村	√			
	艾峪村	√			
	张家铺村	√			√
	双涧子村	√			

续表

所属乡镇	村庄名称	深山型	浅山型	平原型	滨水型
王平镇	安家庄村	√			√
	河北村		√		
	西王平村		√		√
	东王平村		√		√
	南涧村		√		√
	色树坟村		√		√
	西石古岩村		√		√
	东石古岩村		√		√
	西马各庄村	√			√
	东马各庄村		√		√
	南港村	√			
	韭园村		√		
	桥耳涧村	√			
	西落坡村	√			√
	东落坡村	√			√
	吕家坡村	√			√
雁翅镇	河南台村	√			√
	雁翅村	√			√
	芹峪村	√			
	饮马鞍村	√			
	下马岭村	√			
	太子墓村	√			√
	付家台村	√			√
	青白口村	√			√
	碣石村	√			
	黄土贵村	√			
	大村	√			
	房良村	√			
	杨村	√			
	马家套村	√			
	山神庙村	√			

续表

所属乡镇	村庄名称	深山型	浅山型	平原型	滨水型
雁翅镇	跃进村	√			
	泗家水村	√			
	松树村	√			
	淤白村	√			
	高台村	√			
	苇子水村	√			
	田庄村	√			
	珠窝村	√			√
斋堂镇	火村	√			
	马栏村	√			
	青龙涧村	√			√
	黄岭西村	√			
	双石头村	√			√
	爨底下村	√			
	柏峪村	√			
	牛站村	√			
	白虎头村	√			
	新兴村	√			
	西斋堂村	√			√
	沿河城村	√			√
	沿河口村	√			√
	龙门口村	√			
	王龙口村	√			
	林字台村	√			
	向阳口村	√			√
	西胡林村	√			√
	东胡林村	√			√
	军响村	√			√
	桑峪村	√			

续表

所属乡镇	村庄名称	深山型	浅山型	平原型	滨水型
斋堂镇	灵水村	√			
	法城村	√			√
	杨家村	√			
	张家村	√			
	吕家村	√			
	杨家峪村	√			
	高铺村	√			
	东斋堂村	√			
永定镇	卧龙岗村			√	

（3）村庄文化特色分类

根据建成村文化特色的主要特征分类，宗教寺庙文化村庄5个（图3-2-10），古道古村文化村庄37个（图3-2-11），民间习俗文化村庄7个（图3-2-12），京西山水文化村庄98个（图3-2-13），京西煤业文化村庄12个（图3-2-14），红色历史文化村庄6个（图3-2-15）。部分村庄具有多个文化特色，依据分类原则，按照村庄所属不同文化特色进行多重归类（图3-2-16，表3-3）。

图3-2-10 宗教寺庙文化村庄风貌——桑峪村天主教堂

图3-2-11 古道古村文化村庄风貌——牛角岭城关

图3-2-12 民间习俗文化村庄风貌——千军台

图3–2–13
京西山水文化村庄风貌——雁翅村

图3–2–14
京西煤业文化村庄风貌——大台街道

图3–2–15
红色文化村庄风貌——马栏村挺进军司令部

图3-2-16　村庄特色文化分类图

村庄文化特色分类一览表　　表3-3

所属乡镇	村庄名称	村庄主要文化特色分类					
		京西山水文化	古道古村文化	民间习俗文化	宗教寺庙文化	京西煤业文化	红色历史文化
军庄镇	军庄村					√	
	西杨坨村					√	
	东杨坨村					√	
	灰峪村		√			√	
	孟悟村				√		
	东山村		√				
	香峪村		√				
	新村						√
龙泉镇	琉璃渠村		√				
	三家店村		√				
	大峪村			√			
	赵家洼村	√					
	龙泉务村		√				

续表

所属乡镇	村庄名称	村庄主要文化特色分类					
		京西山水文化	古道古村文化	民间习俗文化	宗教寺庙文化	京西煤业文化	红色历史文化
妙峰山镇	丁家滩村	√					
	水峪嘴村	√					
	斜河涧村	√					
	陈家庄村	√					
	担礼村	√					
	下苇甸村	√					
	桃源村		√	√			
	南庄村		√	√			
	樱桃沟村		√	√			
	涧沟村		√	√			
	陇架庄村	√					
	上苇甸村	√					
	炭厂村	√					
	大沟村	√					
	禅房村	√	√				
	黄台村	√					
	岭角村	√					
潭柘寺镇	南辛房村	√			√		
	桑峪村	√			√		
	贾沟村	√					
	草甸水村	√					
	赵家台村	√					
	平原村	√					
	王坡村	√					
清水镇	燕家台村	√	√				
	李家庄村	√					
	台上村	√					
	梁家庄村	√					
	上清水村	√					
	下清水村	√					
	田寺村	√					
	西达摩村	√					
	洪水峪村	√					

续表

所属乡镇	村庄名称	村庄主要文化特色分类					
		京西山水文化	古道古村文化	民间习俗文化	宗教寺庙文化	京西煤业文化	红色历史文化
清水镇	上达摩村	√					
	达摩庄村	√					
	椴木沟村	√					
	杜家庄村	√					
	张家庄村	√	√				
	齐家庄村	√					
	双塘涧村	√					
	胜利村	√					
	天河水村	√					
	小龙门村	√					
	洪水口村	√					
	江水河村	√					
	梁家铺村	√					
	塔河村	√					√
	黄安村	√					√
	龙王村	√					
	黄安坨村	√					
	黄塔村	√					
	八亩堰村	√					
	简昌村	√					
	艾峪村	√					
	张家铺村	√			√		
	双涧子村	√					
王平镇	安家庄村	√					
	河北村		√			√	
	西王平村		√			√	
	东王平村		√				
	南涧村					√	
	色树坟村		√				
	西石古岩村		√				

续表

所属乡镇	村庄名称	村庄主要文化特色分类					
		京西山水文化	古道古村文化	民间习俗文化	宗教寺庙文化	京西煤业文化	红色历史文化
王平镇	东石古岩村		√				
	西马各庄村			√			
	东马各庄村		√				
	南港村			√		√	
	韭园村		√			√	
	桥耳涧村		√				
	西落坡村	√					
	东落坡村	√					
	吕家坡村	√				√	
雁翅镇	河南台村	√					
	雁翅村	√					
	芹峪村	√					
	饮马鞍村	√					
	下马岭村	√					
	太子墓村	√					
	付家台村	√					
	青白口村	√					
	碣石村		√				
	黄土贵村	√					
	大村	√		√			
	房良村	√					
	杨村	√					
	马家套村	√					
	山神庙村	√					
	跃进村	√					
	泗家水村	√					
	松树村	√					
	淤白村	√			√		
	高台村	√					
	苇子水村	√	√				
	田庄村	√					√
	珠窝村	√					

续表

所属乡镇	村庄名称	村庄主要文化特色分类					
		京西山水文化	古道古村文化	民间习俗文化	宗教寺庙文化	京西煤业文化	红色历史文化
斋堂镇	火村	√	√				
	马栏村		√				√
	青龙涧村	√					
	黄岭西村		√				√
	双石头村	√	√				
	爨底下村		√				
	柏峪村	√	√				
	牛站村	√	√				
	白虎头村	√					
	新兴村	√			√		
	西斋堂村	√					√
	沿河城村		√				
	沿河口村	√	√				
	龙门口村	√					
	王龙口村	√					
	林字台村	√					
	向阳口村	√					
	西胡林村	√	√				
	东胡林村	√					
	军响村	√					
	桑峪村	√					
	灵水村		√				
	法城村	√					
	杨家村					√	
	张家村					√	
	吕家村					√	
	杨家峪村	√					
	高铺村	√					
	东斋堂村	√					
永定镇	卧龙岗村		√				

（4）保护级别分类

中国历史文化名村3个。斋堂镇的爨底下村、灵水村，龙泉镇的琉璃渠村（图3-2-17）。

中国传统村落12个。龙泉镇的琉璃渠村、三家店村，雁翅镇的苇子水村、碣石村，斋堂镇的爨底下村、灵水村、黄岭西村（图3-2-18）、马栏村、沿河城村、西胡林村，王平镇的东石古岩村，大台街道的千军台社区。

图3-2-17　中国历史文化名村——琉璃渠村

图3-2-18　中国传统村落——黄岭西村

北京市传统村落14个，除被列入中国传统村落的龙泉镇的琉璃渠村、三家店村，雁翅镇的苇子水村、碣石村，斋堂镇的爨底下村、灵水村、黄岭西村、马栏村、沿河城村、西胡林村，王平镇的东石古岩，大台街道的千军台村被纳入该名单外，清水镇的张家庄村、燕家台村也被纳入名单中。

历史风貌保护较好的村落55个[①]，简称“历史风貌村落”。普通村落76个。

在村庄保护级别的分类中，全国重点文物保护单位（例如爨底下村）、中国历史文化名村、中国传统村落、北京市传统村落，分别依据门头沟区公布的传统村落保护发展规划的相关要求对村庄村落风貌建设进行引导管控。门头沟区历史风貌保护较好的村落及其他普通村落，依据《导则》对村庄村落风貌建设进行引导管控（图3-2-19，表3-4、表3-5）。

图3-2-19　传统村落分布图

① 其中有6个城镇化地区的行政村不在导则管控范围内，因此不体现在表3-4中。

村庄保护级别分类一览表 表3-4

所属乡镇	村庄名称	村庄保护级别分类					
		国家级文物保护单位	中国历史文化名村	中国传统村落	北京市传统村落	历史风貌村落	普通村落
军庄镇	军庄村					√	
	西杨坨村						√
	东杨坨村						√
	灰峪村					√	
	孟悟村					√	
	东山村					√	
	香峪村						√
	新村						√
龙泉镇	琉璃渠村		√	√	√		
	三家店村			√	√		
	大峪村						√
	赵家洼村						√
	龙泉务村						√
妙峰山镇	丁家滩村						√
	水峪嘴村						√
	斜河涧村						√
	陈家庄村						√
	担礼村					√	
	下苇甸村						√
	桃源村						√
	南庄村						√
	樱桃沟村					√	
	涧沟村					√	
	陇架庄村						√
	上苇甸村					√	
	炭厂村						√
	大沟村						√
	禅房村						√
	黄台村						√
	岭角村						√

续表

所属乡镇	村庄名称	村庄保护级别分类					
		国家级文物保护单位	中国历史文化名村	中国传统村落	北京市传统村落	历史风貌村落	普通村落
潭柘寺镇	南辛房村						√
	桑峪村						√
	贾沟村					√	
	草甸水村					√	
	赵家台村					√	
	平原村					√	
	王坡村						√
清水镇	燕家台村				√		
	李家庄村					√	
	台上村						√
	梁家庄村						√
	上清水村					√	
	下清水村						√
	田寺村					√	
	西达摩村						√
	洪水峪村						√
	上达摩村						√
	达摩庄村					√	
	椴木沟村						√
	杜家庄村					√	
	张家庄村				√		
	齐家庄村					√	
	双塘涧村					√	
	胜利村						√
	天河水村						√
	小龙门村					√	
	洪水口村					√	
	江水河村						√
	梁家铺村					√	
	塔河村					√	
	黄安村					√	

续表

所属乡镇	村庄名称	村庄保护级别分类					
		国家级文物保护单位	中国历史文化名村	中国传统村落	北京市传统村落	历史风貌村落	普通村落
清水镇	龙王村					√	
	黄安坨村						√
	黄塔村						√
	八亩堰村						√
	简昌村						√
	艾峪村						√
	张家铺村						√
	双涧子村						√
王平镇	安家庄村						√
	河北村						√
	西王平村					√	
	东王平村					√	
	南涧村					√	
	色树坟村					√	
	西石古岩村						√
	东石古岩村			√	√		
	西马各庄村						√
	东马各庄村						√
	南港村						√
	韭园村					√	
	桥耳涧村						√
	西落坡村					√	
	东落坡村						√
	吕家坡村						√
雁翅镇	河南台村						√
	雁翅村						√
	芹峪村						√
	饮马鞍村						√
	下马岭村						√
	太子墓村					√	

续表

所属乡镇	村庄名称	村庄保护级别分类					
		国家级文物保护单位	中国历史文化名村	中国传统村落	北京市传统村落	历史风貌村落	普通村落
雁翅镇	付家台村						√
	青白口村					√	
	碣石村			√	√		
	黄土贵村					√	
	大村					√	
	房良村					√	
	杨村					√	
	马家套村						√
	山神庙村						√
	跃进村						√
	泗家水村					√	
	松树村						√
	淤白村					√	
	高台村						√
	苇子水村			√	√		
	田庄村					√	
	珠窝村					√	
斋堂镇	火村					√	
	马栏村			√	√		
	青龙涧村						√
	黄岭西村			√	√		
	双石头村					√	
	爨底下村	√	√	√	√		
	柏峪村					√	
	牛站村					√	
	白虎头村						√
	新兴村						√
	西斋堂村						√
	沿河城村			√	√		
	沿河口村					√	
	龙门口村						√

续表

所属乡镇	村庄名称	村庄保护级别分类					
		国家级文物保护单位	中国历史文化名村	中国传统村落	北京市传统村落	历史风貌村落	普通村落
斋堂镇	王龙口村						√
	林字台村						√
	向阳口村						√
	西胡林村			√	√		
	东胡林村					√	
	军响村						√
	桑峪村					√	
	灵水村		√	√	√		
	法城村						√
	杨家村						√
	张家村						√
	吕家村						√
	杨家峪村					√	
	高铺村						√
	东斋堂村						√
永定镇	卧龙岗村						√

村庄分类统计总表　　表3-5

所属乡镇	村庄名称	建成年代	地形地貌	文化特色	历史文化、文物保护层级	村庄体系类型
军庄镇	军庄村	唐	浅山型	京西煤业文化	历史风貌村落	城镇集建型
	西杨坨村	明	浅山型	京西煤业文化	普通村落	城镇集建型
	东杨坨村	明	浅山型	京西煤业文化	普通村落	城镇集建型
	灰峪村	明	浅山型	京西煤业文化 古道古村文化	历史风貌村落	整治完善型
	孟悟村	明	浅山型	宗教寺庙文化	历史风貌村落	整治完善型
	东山村	明	浅山型	古道古村文化	历史风貌村落	整治完善型
	香峪村	明	浅山型	古道古村文化	普通村落	整治完善型
	新村	现	浅山型	京西煤业文化	普通村落	整治完善型
龙泉镇	琉璃渠村	元	浅山型 滨水型	古道古村文化	中国历史文化名村	特色提升型

续表

所属乡镇	村庄名称	建成年代	地形地貌	文化特色	历史文化、文物保护层级	村庄体系类型
龙泉镇	三家店村	唐	浅山型 滨水型	古道古村文化	中国传统村落	特色提升型
	大峪村	辽	浅山型	—	普通村落	城镇集建型
	赵家洼村	明	浅山型	京西山水文化	普通村落	城镇集建型
	龙泉务村	元	浅山型	古道古村文化	普通村落	城镇集建型
妙峰山镇	丁家滩村	明	浅山型 滨水型	京西山水文化	普通村落	整治完善型
	水峪嘴村	明	浅山型 滨水型	京西山水文化	普通村落	整体搬迁型
	斜河涧村	明	浅山型	京西山水文化	普通村落	整治完善型
	陈家庄村	明	浅山型 滨水型	京西山水文化	普通村落	整治完善型
	担礼村	明	浅山型	京西山水文化	历史风貌村落	整治完善型
	下苇甸村	明	浅山型 滨水型	京西山水文化	普通村落	整治完善型
	桃源村	明	浅山型	民间习俗文化 古道古村文化	普通村落	整治完善型
	南庄村	明	深山型	民间习俗文化 古道古村文化	普通村落	整治完善型
	樱桃沟村	明	深山型	民间习俗文化 古道古村文化	历史风貌村落	整治完善型
	涧沟村	辽	深山型	民间习俗文化 古道古村文化	历史风貌村落	整治完善型
	陇架庄村	明	浅山型 滨水型	京西山水文化	普通村落	整体搬迁型
	上苇甸村	明	深山型 滨水型	京西山水文化	历史风貌村落	整治完善型
	炭厂村	清	深山型	京西山水文化	普通村落	特色提升型
	大沟村	无考证	深山型	京西山水文化	普通村落	整治完善型
	禅房村	唐	深山型	京西山水文化 古道古村文化	普通村落	整治完善型
	黄台村	明	浅山型	京西山水文化	普通村落	整治完善型
	岭角村	明	深山型 滨水型	京西山水文化	普通村落	整治完善型
潭柘寺镇	南辛房村	明	浅山型	宗教寺庙文化	普通村落	整治完善型
	桑峪村	无考证	深山型	京西山水文化 宗教寺庙文化	普通村落	整治完善型
	贾沟村	明	浅山型	京西山水文化	历史风貌村落	整治完善型

续表

所属乡镇	村庄名称	建成年代	地形地貌	文化特色	历史文化、文物保护层级	村庄体系类型
潭柘寺镇	草甸水村	明	深山型	京西山水文化	历史风貌村落	整治完善型
	赵家台村	宋	深山型	京西山水文化	历史风貌村落	整治完善型
	平原村	晋	浅山型	宗教寺庙文化	历史风貌村落	整治完善型
	王坡村	明	深山型	京西山水文化	普通村落	整治完善型
清水镇	燕家台村	元	深山型	京西山水文化 古道古村文化	北京市传统村落	特色提升型
	李家庄村	明	深山型	京西山水文化	历史风貌村落	整治完善型
	台上村	金	深山型	京西山水文化	普通村落	整治完善型
	梁家庄村	无考证	深山型	京西山水文化	普通村落	整治完善型
	上清水村	辽	深山型 滨水型	京西山水文化	历史风貌村落	整治完善型
	下清水村	辽	深山型	京西山水文化	普通村落	整治完善型
	田寺村	无考证	深山型	京西山水文化	历史风貌村落	整治完善型
	西达摩村	近	深山型	京西山水文化	普通村落	特色提升型
	洪水峪村	清	深山型	京西山水文化	普通村落	整治完善型
	上达摩村	清	深山型	京西山水文化	普通村落	整体搬迁型
	达摩庄村	清	深山型	京西山水文化	历史风貌村落	整治完善型
	椴木沟村	清	深山型	京西山水文化	普通村落	整治完善型
	杜家庄村	辽	深山型	京西山水文化	历史风貌村落	整治完善型
	张家庄村	明	深山型	京西山水文化 古道古村文化	北京市传统村落	特色提升型
	齐家庄村	唐	深山型	京西山水文化	历史风貌村落	整治完善型
	双塘涧村	清	深山型	京西山水文化	历史风貌村落	整治完善型
	胜利村	近	深山型	京西山水文化	普通村落	整治完善型
	天河水村	近	深山型	京西山水文化	普通村落	整治完善型
	小龙门村	明	深山型	京西山水文化	历史风貌村落	整治完善型
	洪水口村	明	深山型	京西山水文化	历史风貌村落	整治完善型
	江水河村	清	深山型	京西山水文化	普通村落	整治完善型
	梁家铺村	清	深山型 滨水型	京西山水文化	历史风貌村落	整治完善型
	塔河村	金	深山型 滨水型	红色历史文化 京西山水文化	历史风貌村落	整治完善型
	黄安村	宋	深山型	红色历史文化 京西山水文化	历史风貌村落	整治完善型

续表

所属乡镇	村庄名称	建成年代	地形地貌	文化特色	历史文化、文物保护层级	村庄体系类型
清水镇	龙王村	明	深山型	京西山水文化	历史风貌村落	整治完善型
	黄安坨村	近	深山型	京西山水文化	普通村落	整治完善型
	黄塔村	唐	深山型 滨水型	京西山水文化	普通村落	整治完善型
	八亩堰村	清	深山型 滨水型	京西山水文化	普通村落	整治完善型
	简昌村	明	深山型	京西山水文化	普通村落	整治完善型
	艾峪村	明	深山型	京西山水文化	普通村落	整治完善型
	张家铺村	清	深山型 滨水型	京西山水文化 宗教寺庙文化	普通村落	整治完善型
	双涧子村	清	深山型	京西山水文化	普通村落	整治完善型
王平镇	安家庄村	明	深山型 滨水型	京西山水文化	普通村落	整治完善型
	河北村	清	浅山型	古道古村文化 京西煤业文化	普通村落	整治完善型
	西王平村	明	浅山型 滨水型	古道古村文化 京西煤业文化	历史风貌村落	整治完善型
	东王平村	明	浅山型 滨水型	古道古村文化	历史风貌村落	整治完善型
	南涧村	明	浅山型 滨水型	京西煤业文化	历史风貌村落	整治完善型
	色树坟村	明	浅山型 滨水型	古道古村文化	历史风貌村落	整治完善型
	西石古岩村	清	浅山型 滨水型	古道古村文化	普通村落	整治完善型
	东石古岩村	明	浅山型 滨水型	古道古村文化	中国传统村落	特色提升型
	西马各庄村	明	深山型 滨水型	民间习俗文化	普通村落	整治完善型
	东马各庄村	明	浅山型 滨水型	古道古村文化	普通村落	整治完善型
	南港村	宋	深山型	民间习俗文化 京西煤业文化	普通村落	整治完善型
	韭园村	清	浅山型	古道古村文化 京西山水文化	历史风貌村落	特色提升型
	桥耳涧村	明	深山型	古道古村文化	普通村落	整治完善型
	西落坡村	现	深山型 滨水型	京西山水文化	历史风貌村落	整治完善型

续表

所属乡镇	村庄名称	建成年代	地形地貌	文化特色	历史文化、文物保护层级	村庄体系类型
王平镇	东落坡村	明	深山型 滨水型	京西山水文化	普通村落	整治完善型
	吕家坡村	明	深山型 滨水型	京西山水文化 京西煤业文化	普通村落	整治完善型
雁翅镇	河南台村	明	深山型 滨水型	京西山水文化	普通村落	整治完善型
	雁翅村	元	深山型 滨水型	京西山水文化	普通村落	整治完善型
	芹峪村	元	深山型	京西山水文化	普通村落	整治完善型
	饮马鞍村	近	深山型	京西山水文化	普通村落	整治完善型
	下马岭村	明	深山型	京西山水文化	普通村落	整体搬迁型
	太子墓村	明	深山型 滨水型	京西山水文化	历史风貌村落	整治完善型
	付家台村	明	深山型 滨水型	京西山水文化	普通村落	整治完善型
	青白口村	明	深山型 滨水型	京西山水文化	历史风貌村落	整治完善型
	碣石村	唐	深山型	古道古村文化	中国传统村落	特色提升型
	黄土贵村	清	深山型	京西山水文化	历史风貌村落	整治完善型
	大村	明	深山型	京西山水文化 民间习俗文化	历史风貌村落	整治完善型
	房良村	明	深山型	京西山水文化	历史风貌村落	整体搬迁型
	杨村	明	深山型	京西山水文化	历史风貌村落	整治完善型
	马套村	明	深山型	京西山水文化	普通村落	整治完善型
	山神庙村	明	深山型	京西山水文化	普通村落	整治完善型
	跃进村	明	深山型	京西山水文化	普通村落	整治完善型
	泗家水村	明	深山型	京西山水文化	历史风貌村落	整治完善型
	松树村	清	深山型	京西山水文化	普通村落	整治完善型
	淤白村	元	深山型	宗教寺庙文化 京西山水文化	历史风貌村落	整治完善型
	高台村	唐	深山型	京西山水文化	普通村落	整体搬迁型
	苇子水村	明	深山型	古道古村文化 京西山水文化	中国传统村落	特色提升型
	田庄村	明	深山型	红色历史文化 京西山水文化	历史风貌村落	整治完善型
	珠窝村	明	深山型 滨水型	京西山水文化	历史风貌村落	整治完善型

续表

所属乡镇	村庄名称	建成年代	地形地貌	文化特色	历史文化、文物保护层级	村庄体系类型
斋堂镇	火村	无考证	深山型	京西山水文化 古道古村文化	历史风貌村落	整治完善型
	马栏村	明	深山型	古道古村文化 红色历史文化	中国传统村落	特色提升型
	青龙涧村	无考证	深山型 滨水型	京西山水文化	普通村落	整治完善型
	黄岭西村	明	深山型	红色历史文化 古道古村文化	中国传统村落	特色提升型
	双石头村	无考证	深山型 滨水型	古道古村文化 京西山水文化	历史风貌村落	整治完善型
	爨底下村	明	深山型	古道古村文化	中国历史文化名村	特色提升型
	柏峪村	明	深山型	京西山水文化 古道古村文化	历史风貌村落	整治完善型
	牛站村	明	深山型	京西山水文化 古道古村文化	历史风貌村落	整治完善型
	白虎头村	明	深山型	京西山水文化	普通村落	整治完善型
	新兴村	现	深山型	宗教寺庙文化 京西山水文化	普通村落	整治完善型
	西斋堂村	辽	深山型 滨水型	京西山水文化 红色历史文化	普通村落	整治完善型
	沿河城村	金	深山型 滨水型	古道古村文化	中国传统村落	特色提升型
	沿河口村	金	深山型 滨水型	古道古村文化 京西山水文化	历史风貌村落	整治完善型
	龙门口村	明	深山型	京西山水文化	普通村落	整治完善型
	王龙口村	明	深山型	京西山水文化	普通村落	整治完善型
	林字台村	清	深山型	京西山水文化	普通村落	整体搬迁型
	向阳口村	明	深山型 滨水型	京西山水文化	普通村落	整治完善型
	西胡林村	辽	深山型 滨水型	古道古村文化 京西山水文化	中国传统村落	特色提升型
	东胡林村	辽	深山型 滨水型	京西山水文化	历史风貌村落	整治完善型
	军响村	明	深山型 滨水型	京西山水文化	普通村落	整治完善型
	桑峪村	元	深山型	京西山水文化	历史风貌村落	整治完善型
	灵水村	无考证	深山型	古道古村文化	中国历史文化名村	特色提升型

续表

所属乡镇	村庄名称	建成年代	地形地貌	文化特色	历史文化、文物保护层级	村庄体系类型
斋堂镇	法城村	明	深山型 滨水型	京西山水文化	普通村落	特色提升型
	杨家村	明	深山型	京西煤业文化	普通村落	整治完善型
	张家村	元	深山型	京西煤业文化	普通村落	整治完善型
	吕家村	无考证	深山型	京西煤业文化	普通村落	整体搬迁型
	杨家峪村	元	深山型	京西山水文化	历史风貌村落	整治完善型
	高铺村	无考证	深山型	京西山水文化	普通村落	城镇集建型
	东斋堂村	辽	深山型	古道古村文化	普通村落	城镇集建型
永定镇	卧龙岗村	明	浅山型	古道古村文化	普通村落	整治完善型

3）村庄分类路径

依据村庄风貌的分类，梳理出村庄民宅风貌设计引导控制的路径，通过菜单式的列表，可以便捷地查找村庄民宅的管控要求。

以斋堂镇的沿河城村为例，通过历史时期、地形地貌、文化特色、保护级别的村庄风貌分类，说明路径引导的使用方法。

沿河城村在建成村历史时期分类中属于辽、金、元时期，在地形地貌分类中属于深山型与滨水型两种地形类型，在文化特色分类中具备古村古道文化的文化特征，在保护级别分类中属于中国传统村落级别，在村庄规划分类中属于特色提升型村庄（图3-2-20）。

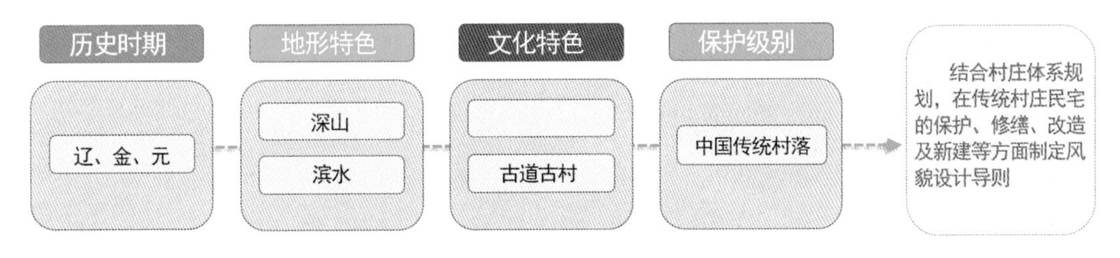

图3-2-20　沿河城村民宅风貌设计引导示意图

梳理各个维度的引导管控要求，制定出该村村庄民宅风貌设计引导管控措施（图3-2-21）。

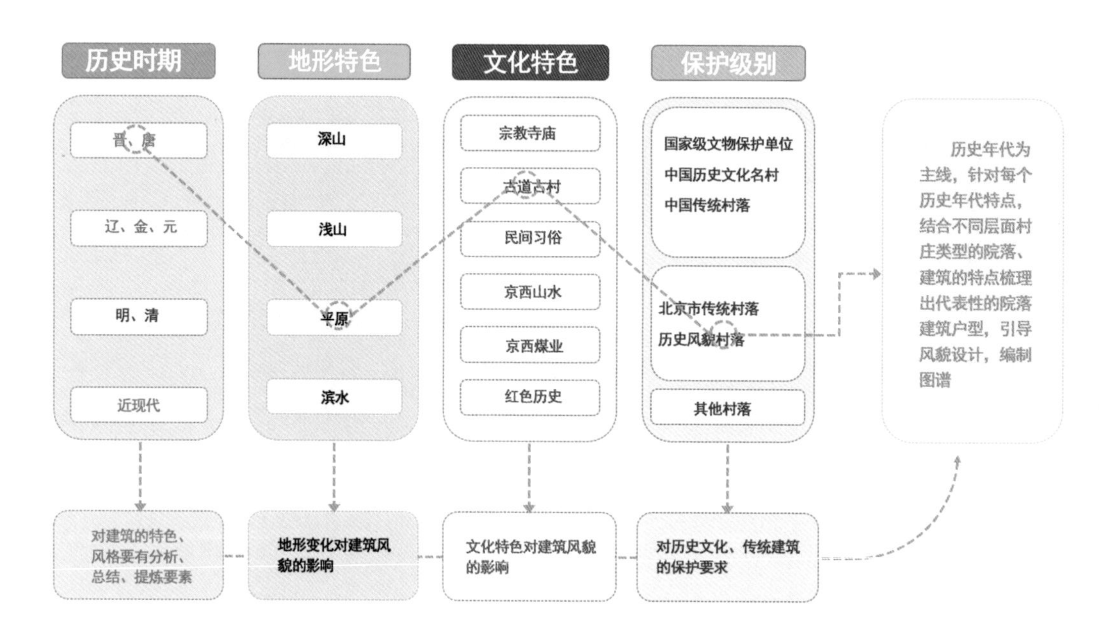

图3-2-21　村庄民宅风貌设计引导图

3.3　村庄风貌控制要素

村庄民宅风貌控制是村庄整体风貌控制的重要内容，对村庄民宅的风貌控制不能脱离对整个村庄风貌的管控而孤立存在，因此需要在门头沟区各行政村的村庄规划和建设中落实《导则》关于村庄整体风貌控制引导要求。

村庄风貌控制要素的结构划分为三个层级。第一层级为村落，其中包含整体格局、街巷肌理、公共空间、景观小品、基础设施、村庄绿化植被等6项要素；第二层级为宅院，其中包含院落格局、建筑层数、建筑体量、建筑风格、建筑色彩等5项要素；第三层级为细部，其中包含门窗、立面、墙体、屋顶、装饰等5项要素（图3-3-1）。

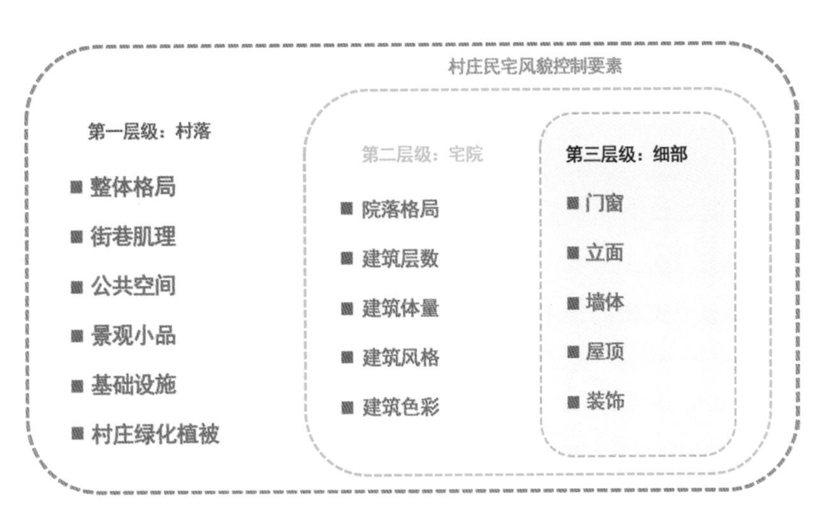

图3-3-1　村庄整体风貌控制要素图

1）整体格局

村庄布局要保持原有村庄格局、村庄肌理，结合周边自然环境，要留有景观廊道及生态绿地。

村庄整体格局的引导应充分尊重现状山地地形，依山就势（图3-3-2）。

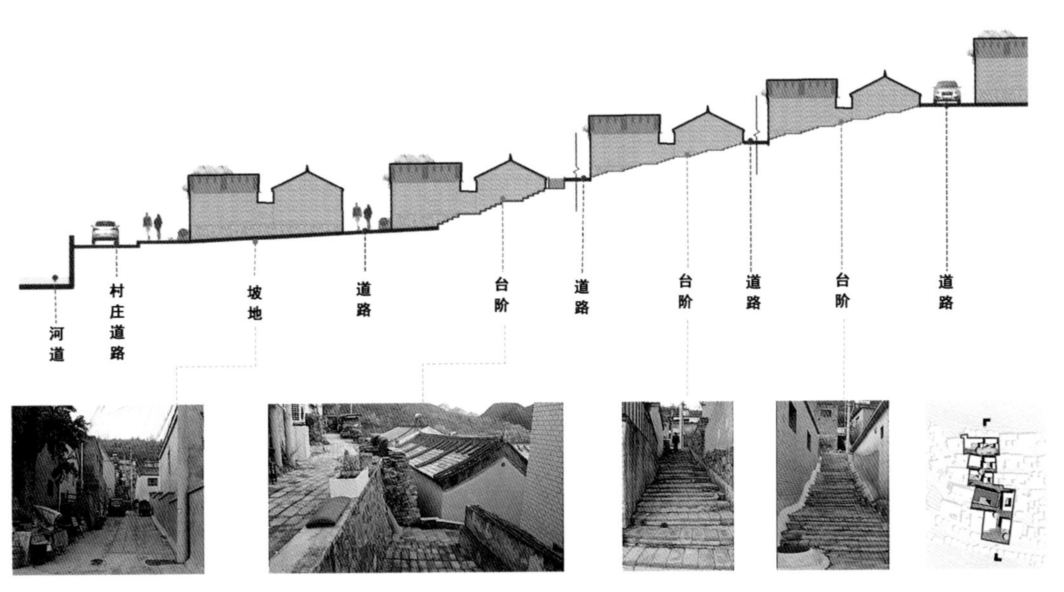

图3-3-2　京西山地村庄与地形格局引导图

2）街巷肌理

保持街巷道路的自然形态，形成自由组合肌理，适当增加景观要素，满足改善环境空间需求，有条件的街巷应增加路旁绿化。街巷较窄的村庄在整修、修复过程中，巷道应保持原有尺度、比例和步行方式，可采取墙面立体绿化方式达到街巷美化效果（图3-3-3～图3-3-5）。

图3-3-3　传统型村庄街巷肌理保护示意图

图3-3-4　现代型村庄街巷美化示意图

图3-3-5　村庄环境美化示意图

3）公共空间

公共空间设计应当因地制宜、见缝插绿，充分利用边角地及闲置空地。通过增加房前屋后绿化，古树名木设立围栏或树池，活动场地设置座椅、廊架或健身设施，提高公共空间的实用性和舒适性，从而提升村庄整体环境质量（图3-3-6、图3-3-7）。

图3-3-6　村庄公共空间美化示意图

图3-3-7
村庄房前屋后美化示意图

4）景观小品

景观小品主要包括村庄入口景观、道路指示牌、广告宣传栏、宅院围墙、公共座椅、休憩亭廊、口袋绿地、健身活动设施、儿童游乐设施、道路灯具、垃圾收集用房、垃圾箱（筒）、公共厕所、功能性或装饰性设施等。景观小品应当结合村庄自身文化特色进行设计，优先使用本土材料，与村庄的整体风貌相协调。景观小品造型大方、标识醒目，例如村庄入口可选择建造牌坊、门柱、雕塑墙、造型碑刻，上面题写村名，标定村庄道路、公共设施、村庄界线等信息（图3-3-8～图3-3-17）。

图3–3–8 村庄入口标识示意图

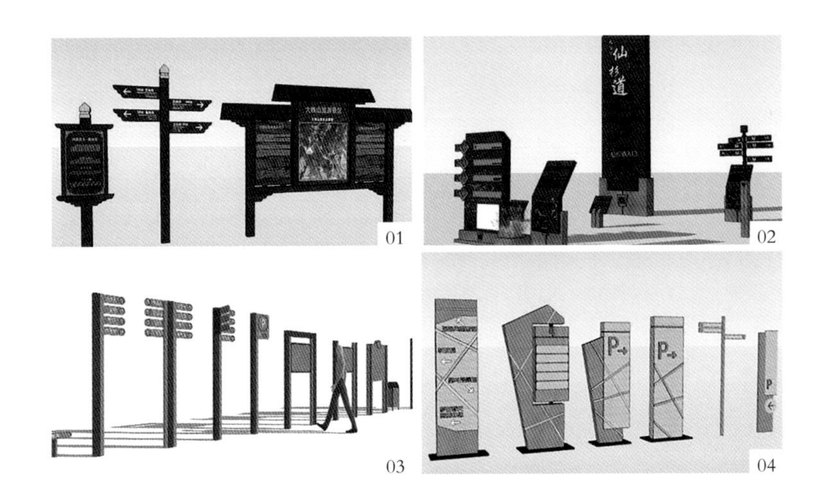

图3–3–9 村庄方向标识指示牌示意图

图3–3–10 村庄广告宣传栏示意图

图3-3-11
村庄围墙示意图

图3-3-12
村庄公共座椅示意图

图3-3-13
传统型村庄功能性景观性小品示意图

图3-3-14
现代型村庄功能性景观性小品示意图

图3–3–15
村庄健身活动设施示意图

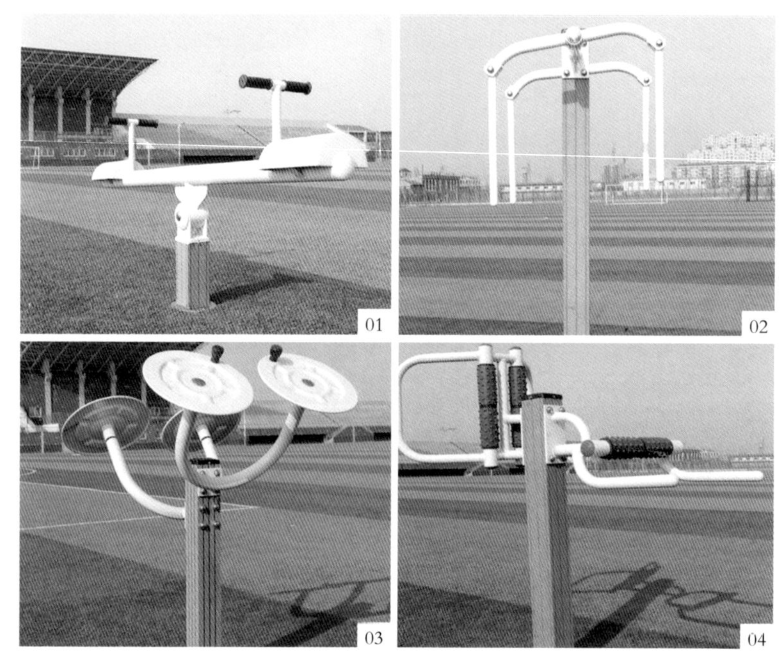

图3–3–16
村庄活动器材示意图

图3–3–17
村庄道路灯具示意图

5）基础设施

（1）环境卫生设施

村庄环境卫生设施在外观和色彩设计上应与村庄内的周边环境相协调。每座公厕应至少设置一个无障碍厕位，并安排在出入方便的位置。垃圾处理要做到分类收集、就地减量、资源利用，并建设密闭房屋式垃圾收集站或垃圾收集池（图3-3-18～图3-3-20）。

图3-3-18
村庄公共厕所示意图

图3-3-19
村庄密闭式垃圾收集设施示意图

图3-3-20
村庄垃圾桶示意图

（2）道路交通设施

村庄道路交通设施设计应做好原有道路及其附属设施的保护，在保障交通功能的基础上，优化车行道、步行道及巷道等各级道路，合理增加道路绿化，并与周边环境相协调（图3-3-21）。

图3-3-21
村庄道路交通设施示意图

（3）防火防灾设施

村庄防火防灾设施布局应符合村庄具体情况，结合村庄整体布局设置消防水池，收集雨水及其他符合消防用水标准的用水作为水源，保证在火灾发生时可以及时扑救。文物保护单位、重要历史建筑、古树名木应当按照有关要求设置防火设施，例如灭火器、避雷针等，消防设施的建设应与村庄周边环境相协调（图3–3–22）。

图3–3–22　村庄防火防灾设施示意图

（4）排水设施

村庄排水设施设计应做到街巷两侧原有排水渠道的畅通，不得填埋。在满足排水功能的基础上，合理增加排水渠道内部及其周边的绿化，结合道路布置，同时与村庄周边环境相协调（图3–3–23）。

图3-3-23
村庄排水设施示意图

（5）公共服务设施

村庄公共服务设施配置应当根据村庄具体情况，做好原有学校、卫生室、活动中心等公共服务设施的保护，适当进行优化改造，延长使用功能。同时，结合村庄整体布局配置一些新的公共服务设施，例如快递服务站、小商店、小超市等（图3-3-24），实行统一管理，鼓励特色经营，提高使用效率和便捷程度，并与村庄内的自然环境和建筑风貌相协调。

图3-3-24　村庄公共服务设施示意图

6）村庄绿化植被

（1）绿化植物配置原则

植物树种选择上，应遵循适地适树、多样性及经济性的原则，以本乡本土特有植被物种作为基本选择范围。

绿化植物种植搭配上，应注意树种高度的高低错落、种植密度、相生关系及色彩搭配，形成点、线、面结合的绿化空间格局，丰富村庄内部及周边的绿化景观层次。

建议景观植物与经济农作物搭配种植，丰富村庄在不同季节的植被色彩变化，又能与村民生产实际相衔接，形成具有浓郁乡土特色的村庄绿化景观风貌。

在村庄绿化景观建设中，严格落实古树名木的保护要求，做好保护与利用相结合，让古树名木成为村庄的“绿色标志、生态名片”。

（2）门头沟区适宜树种

华北落叶松、白皮松、华山松、油松、侧柏、银杏、栾树、元宝枫、白蜡、臭椿、桑树、文冠果、黄连木、核桃、山桃、山杏、皂荚、丁香、黄栌、栎类、杏树、石榴树、核桃树、枣树、苹果树、柿子树、香椿树等（图3-3-25）。

图3-3-25 村庄适宜种植树种示意图

3.4 民宅风貌控制要素

1）院落格局

（1）代表性京西山地四合院示范（图3-4-1～图3-4-23）

图3-4-1 代表性京西山地四合院鸟瞰1

图3-4-2 代表性京西山地四合院鸟瞰2

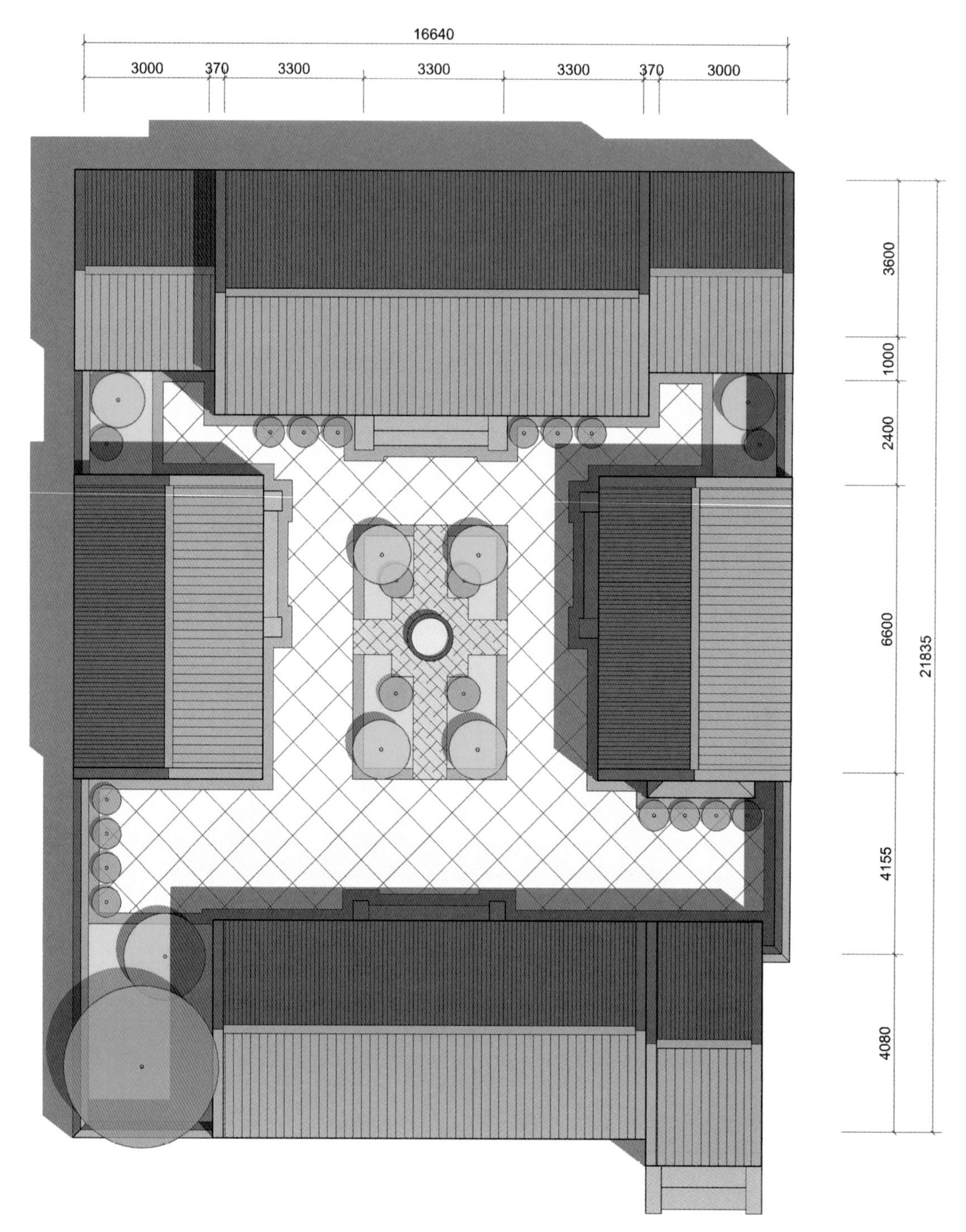

图3-4-3　代表性京西山地四合院总平面图

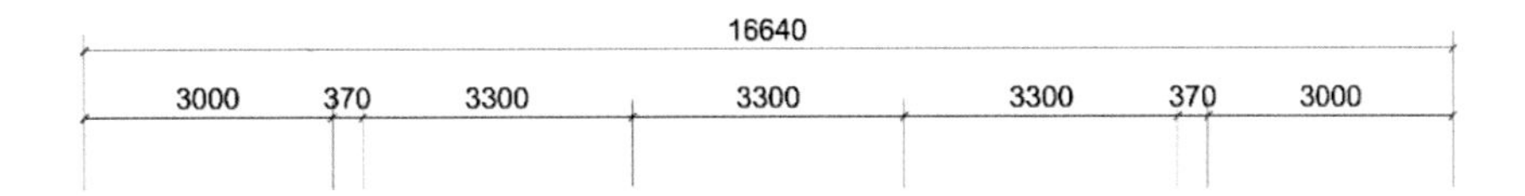

16640
3000
370
3300
3300
3300
370
3000

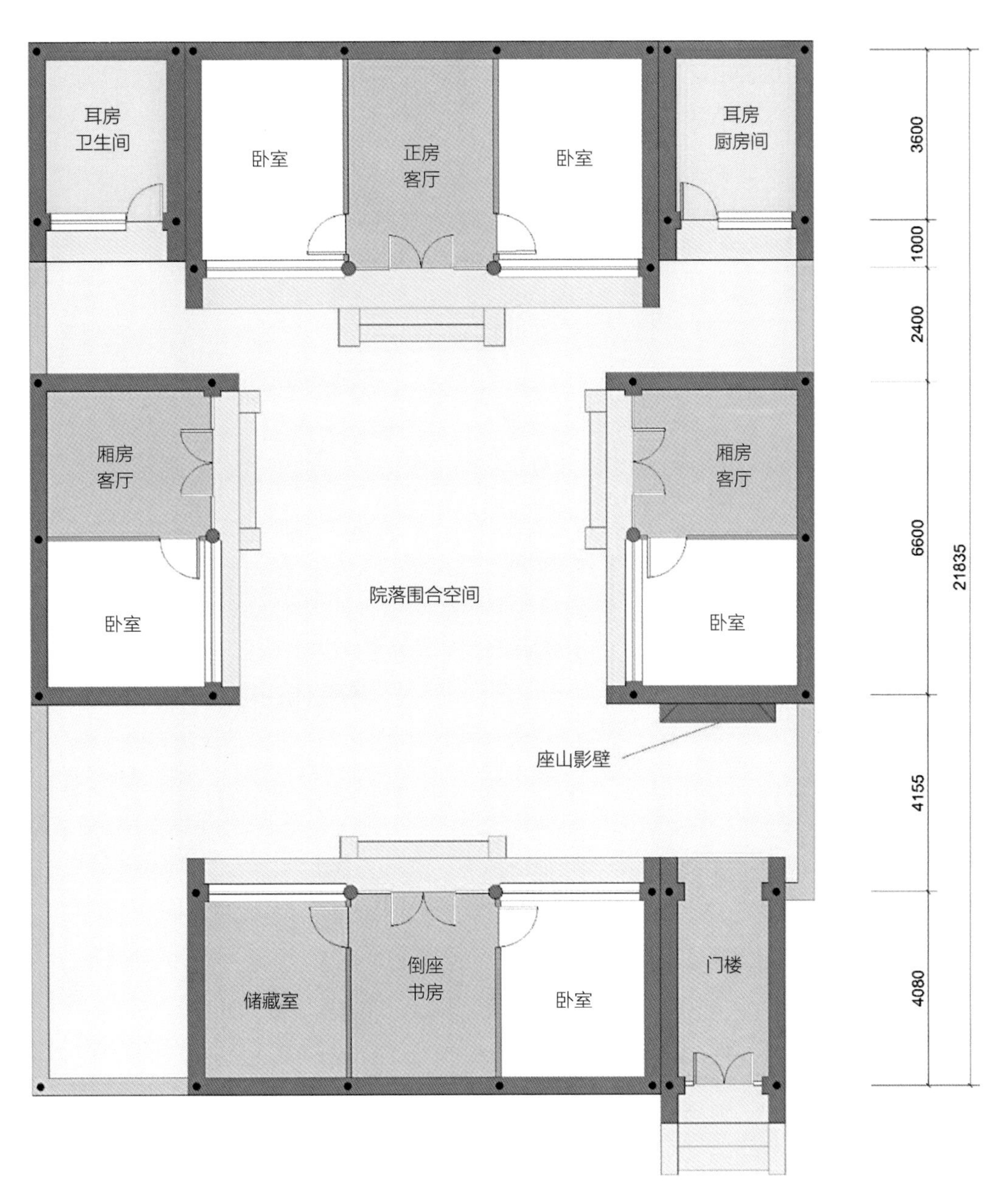

耳房
卫生间
卧室
正房
客厅
卧室
耳房
厨房间
厢房
客厅
卧室
院落围合空间
厢房
客厅
卧室
座山影壁
储藏室
倒座
书房
卧室
门楼
3600
1000
2400
6600
21835
4155
4080

图3-4-4 功能布局图

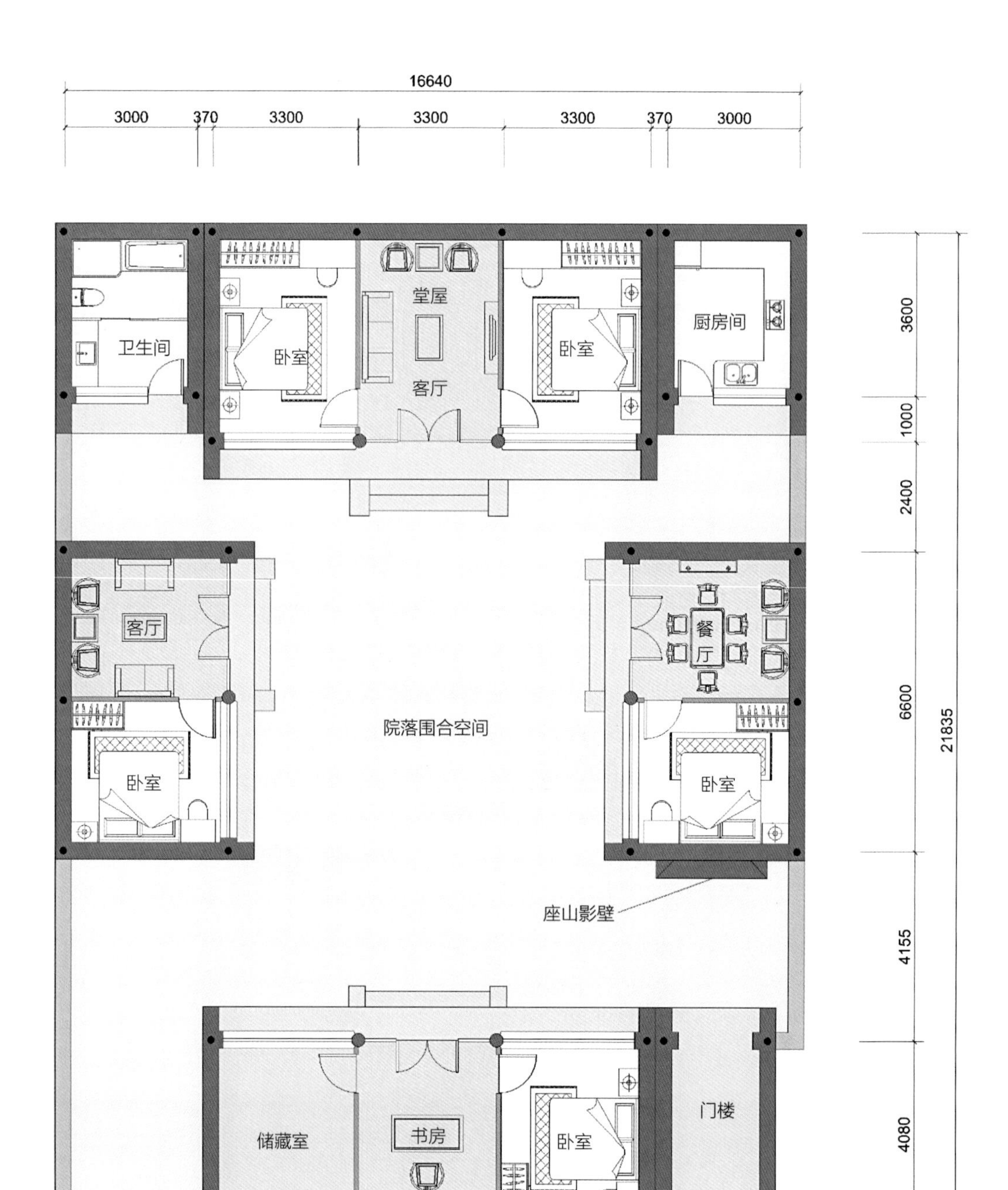

图3-4-5 室内功能布置图

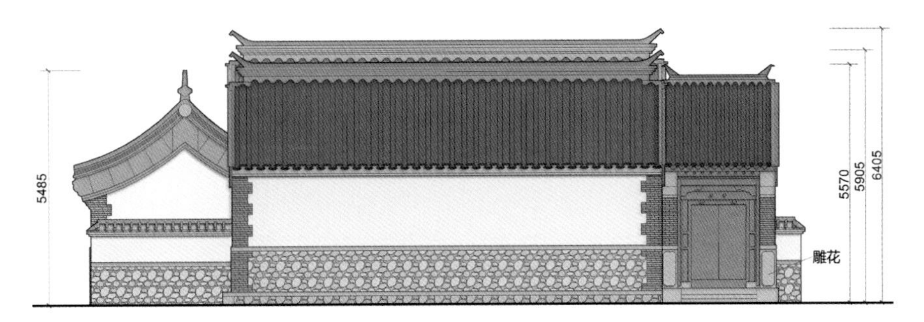

图3-4-6 院落南立面图

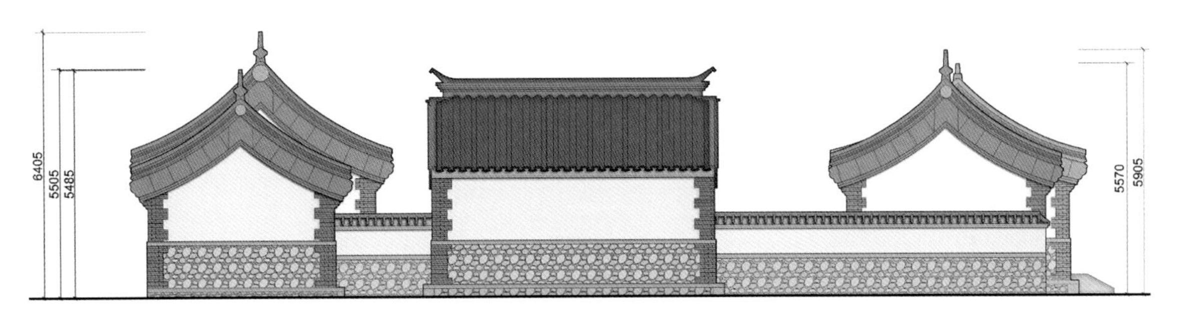

图3-4-7 院落北立面图

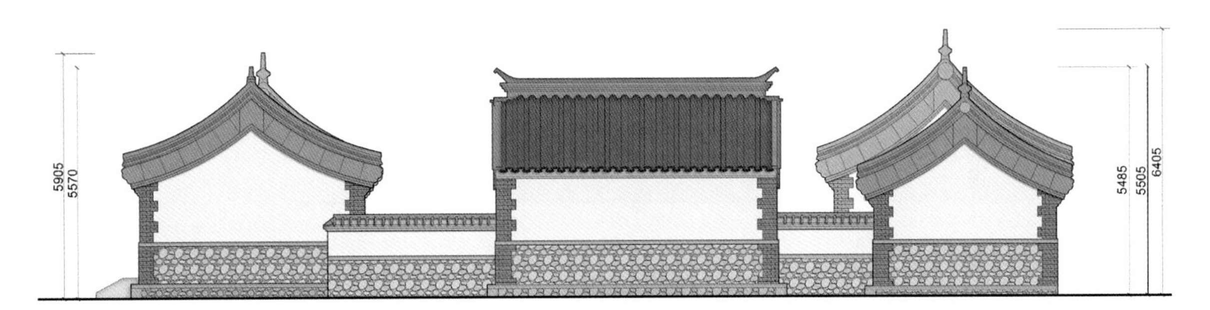

图3-4-8 院落东立面图

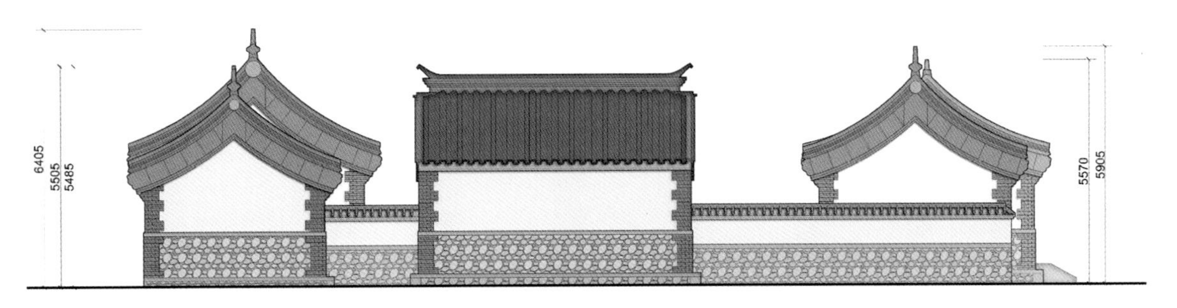

图3-4-9 院落西立面图

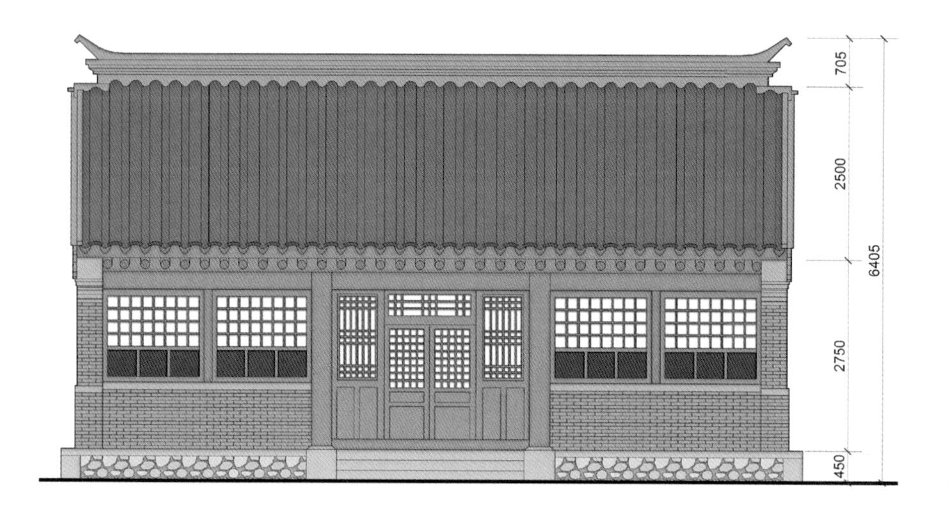

图3-4-10
正房正立面图

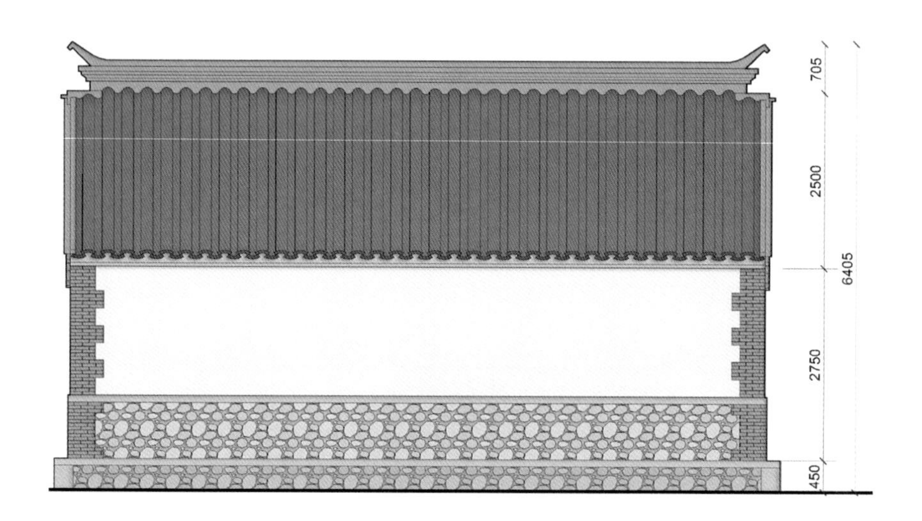

图3-4-11
正房背立面图

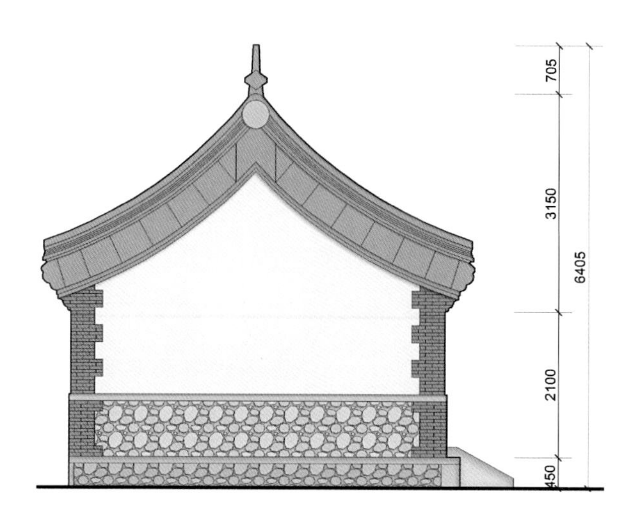

图3-4-12
正房侧立面图

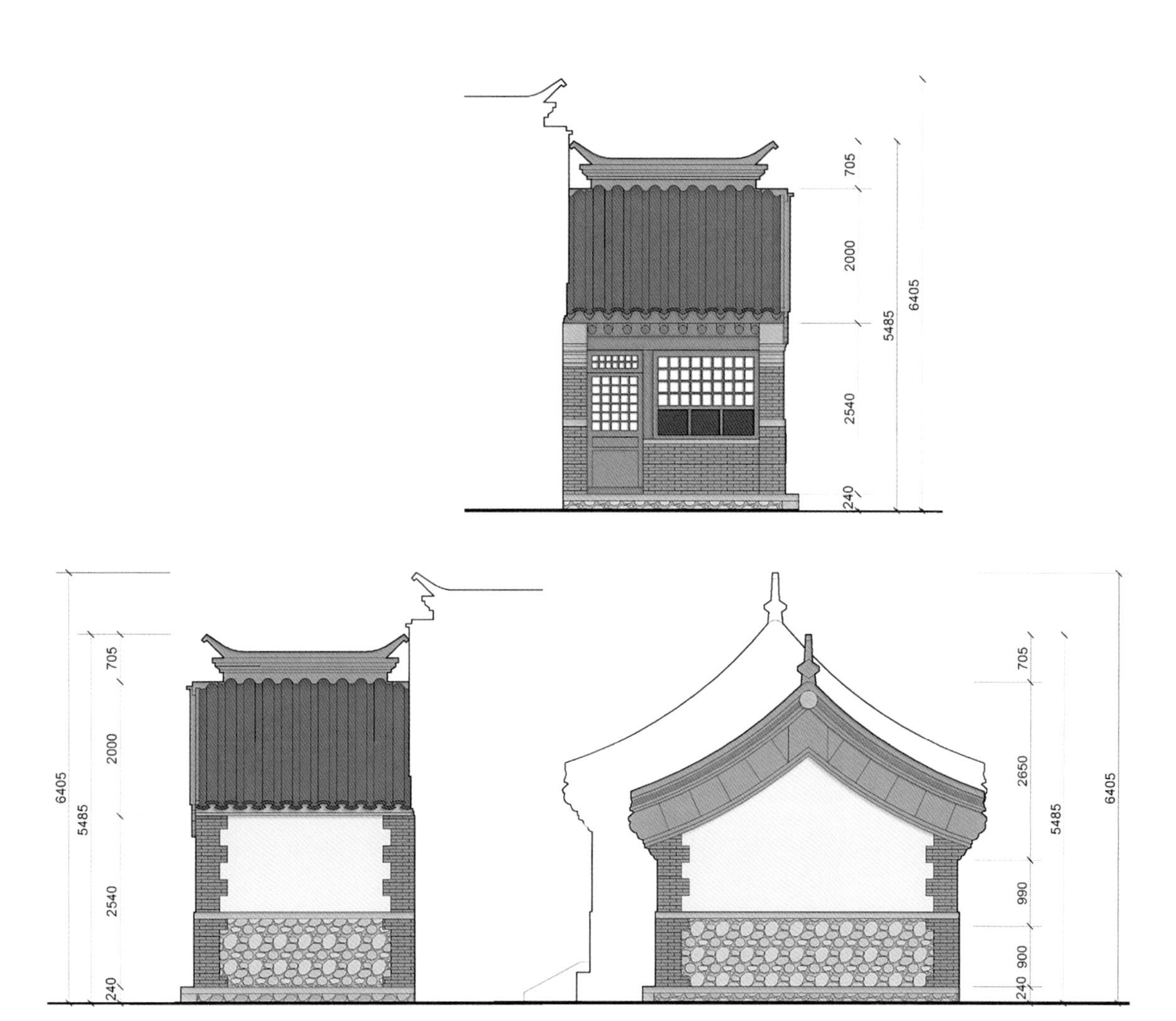

图3-4-13　耳房正立面图、背立面图、侧立面图

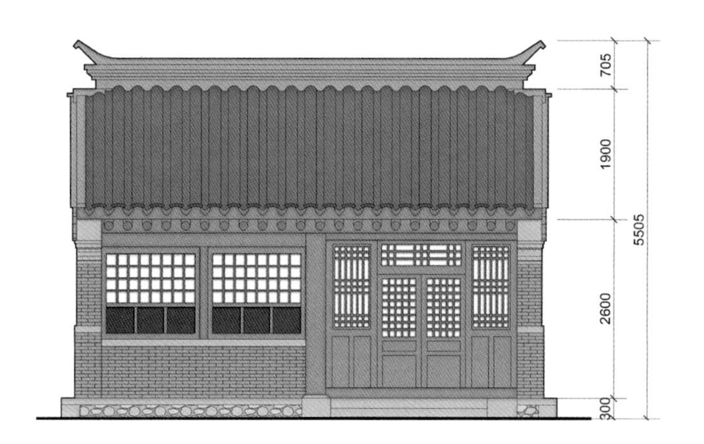

图3-4-14　厢房正立面图

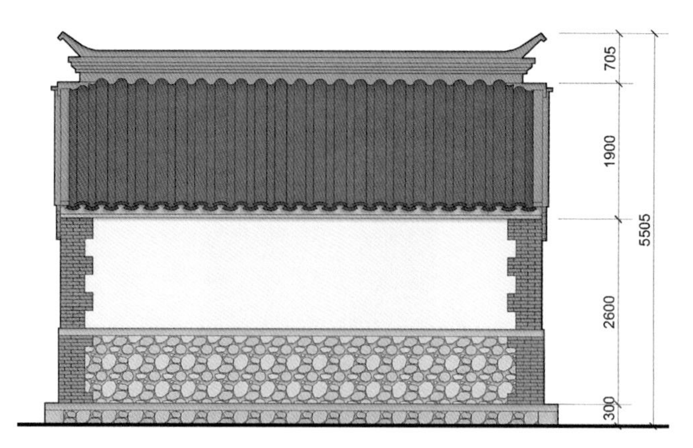

图3-4-15　厢房背立面图

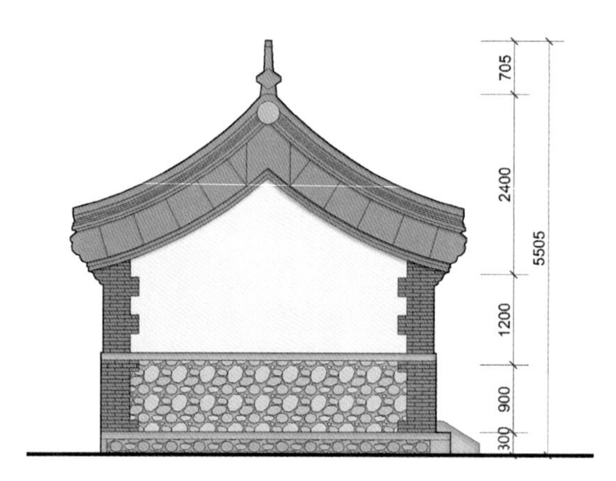

图3-4-16　厢房侧立面图

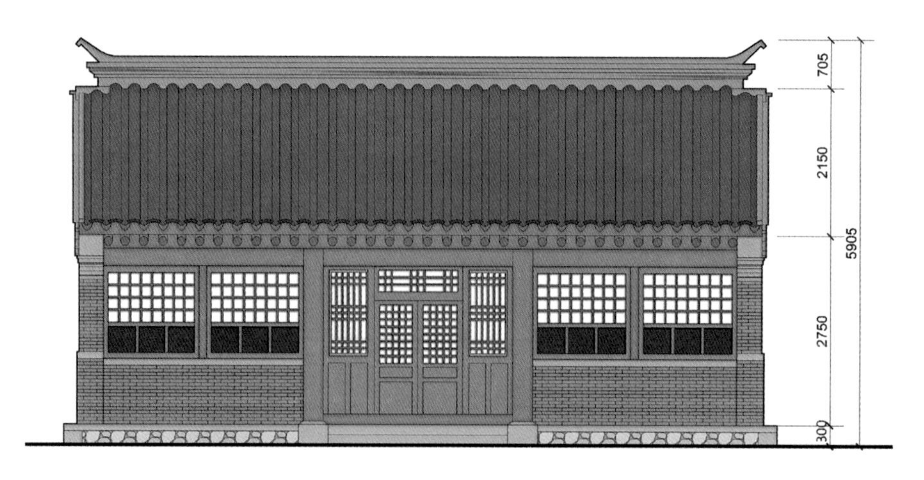

图3-4-17　倒座正立面图

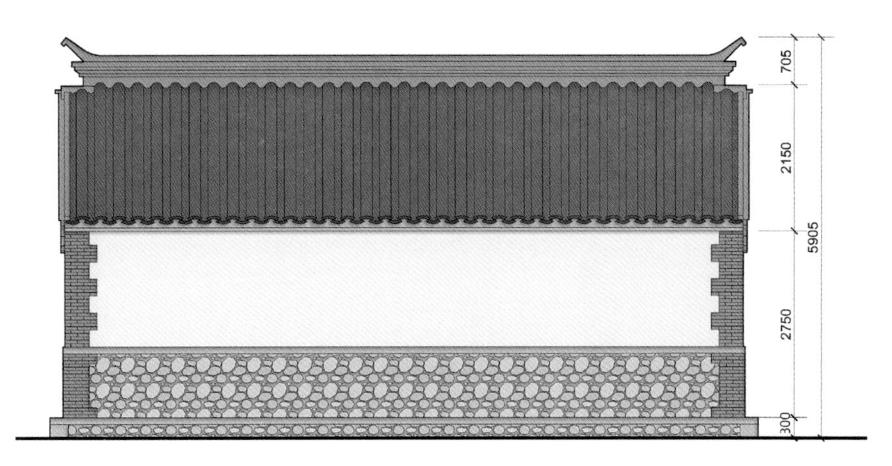

图3-4-18　倒座背立面图

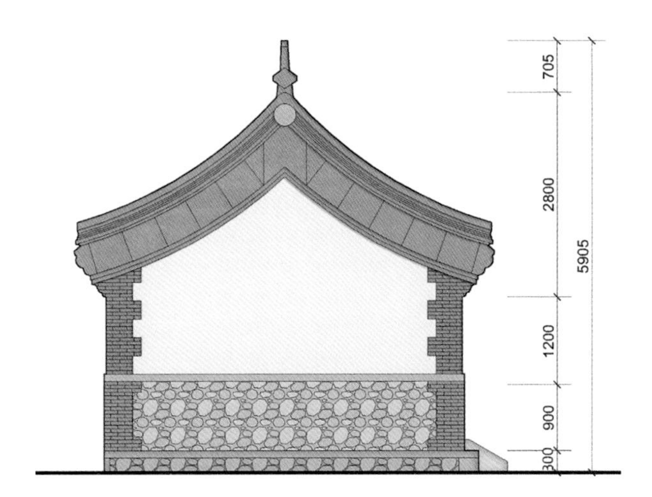

图3-4-19　倒座侧立面图

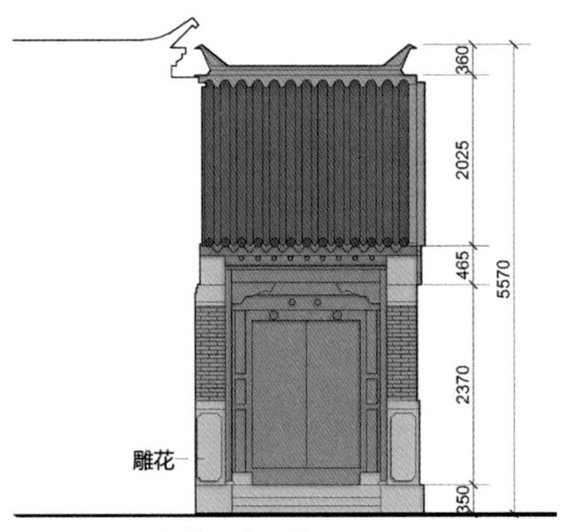

图3-4-20　门楼正立面图

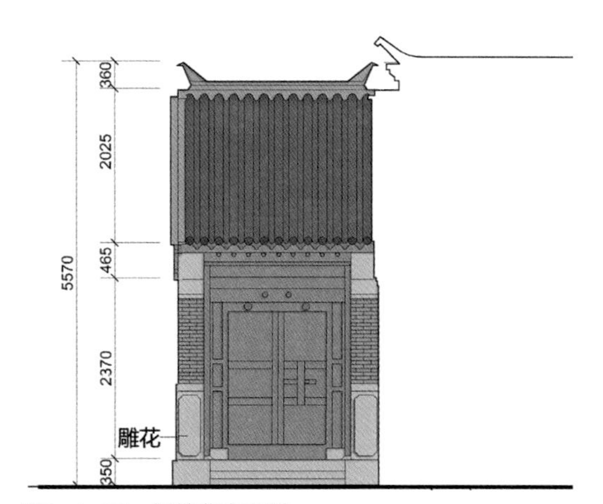

图3-4-21　门楼背立面图

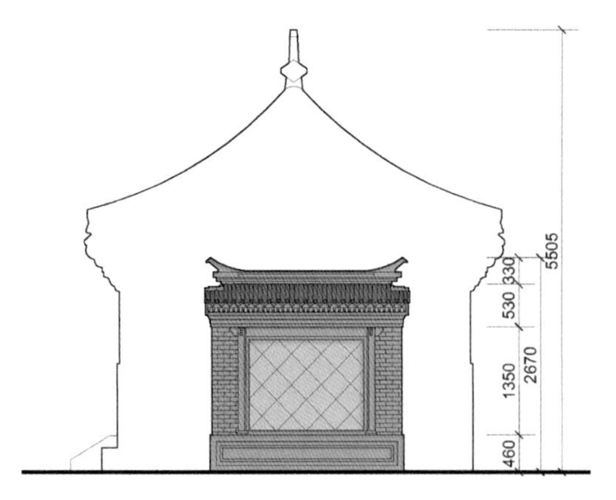

图3-4-22　座山影壁正立面图

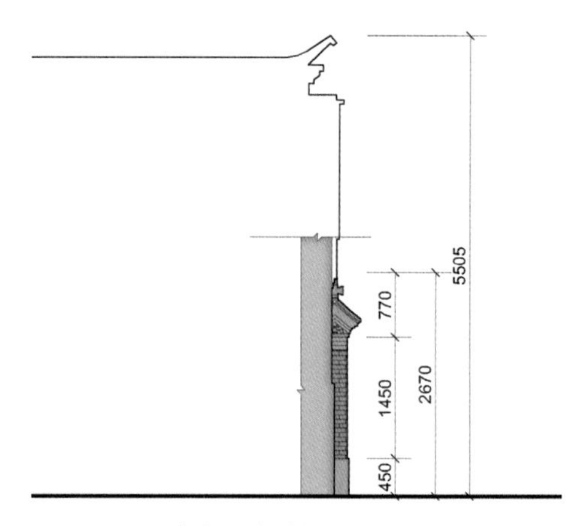

图3-4-23　座山影壁侧立面图

（2）传统老宅的改造示意方案

本案以门头沟区清水镇杜家庄村老宅院改造示意方案为例，介绍老宅改造的基本方法。杜家庄村周边生态环境良好，是北京远郊著名的市级民宿旅游村。经过实地考察和入户调研，杜家庄村现有40多处带有传统民居特征的老宅院，最早的宅院历史可追溯至清光绪年间。根据这些老宅院的现状评估，可分为保存较好、保存一般和保存较差三大类型。对保存较好的老宅院，改造相对容易，主要针对老化破损残缺部分进行更换补全修缮。对于保存一般或是保存较差的老宅院，改造难度相对较大，需要投入较多的资金和专业技术力量，方可取得满意的结果。

《导则》的传统老宅院改造示意案例选取杜家庄中街39号院、52号院两处老宅（图3-4-24、图3-4-33）。两处老宅主体布局形式均为四合院式，建筑外貌较好地保留了京西传统民居的特征。房屋整体结构完整，但外墙材料、门窗、屋面多年失修，破损严重，亟需对相应的部位进行修缮。这两处老宅改造以传统风貌为主，结合现代生活需求做局部的更新。这样，除了能够满足宅主一家的生活起居需求外，亦可用来发展民俗旅游服务等新型产业（图3-4-25～图3-4-32，图3-4-34～图3-4-41）。

图3-4-24
杜家庄中街39号院现状

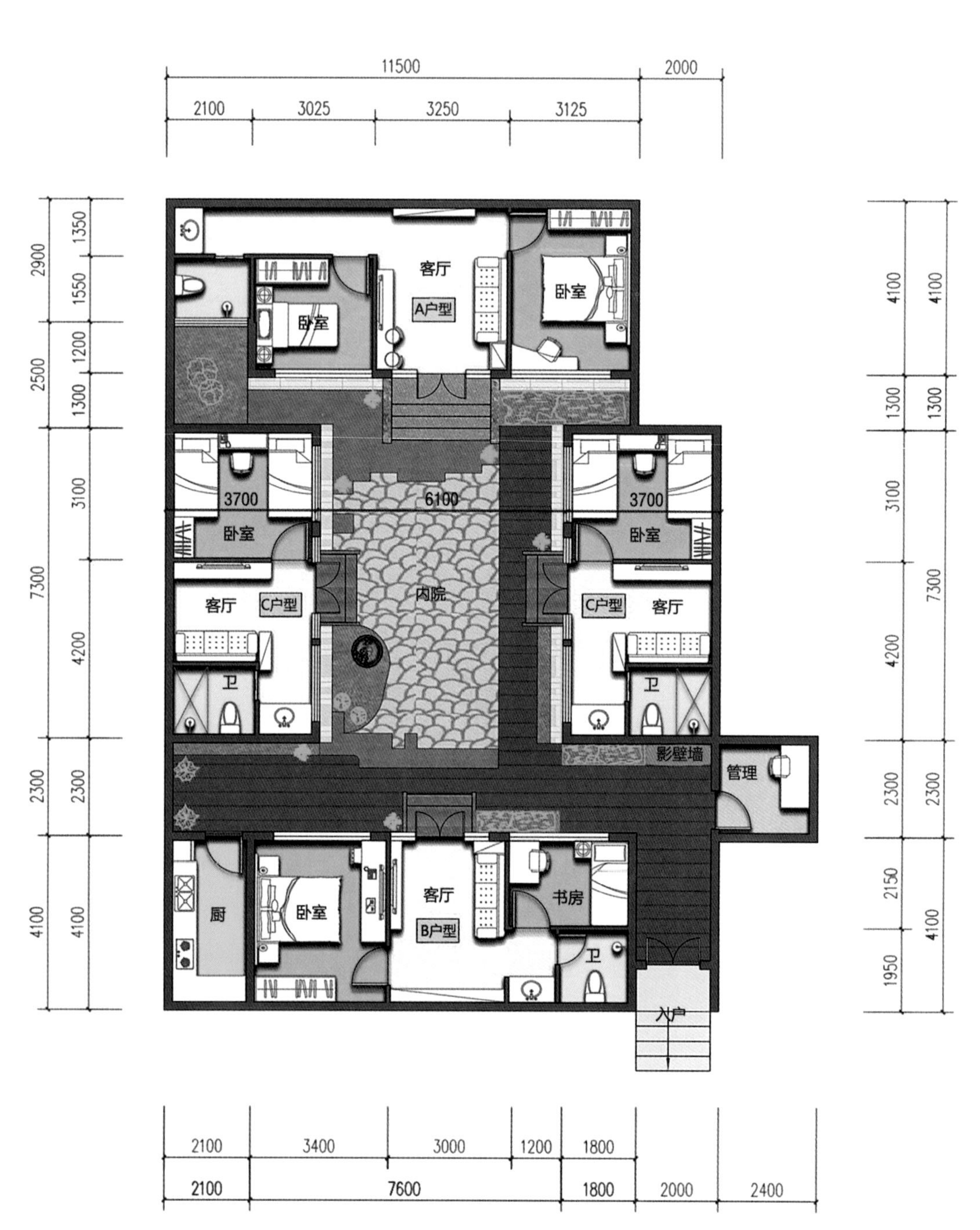

图3-4-25　39号院改造平面图

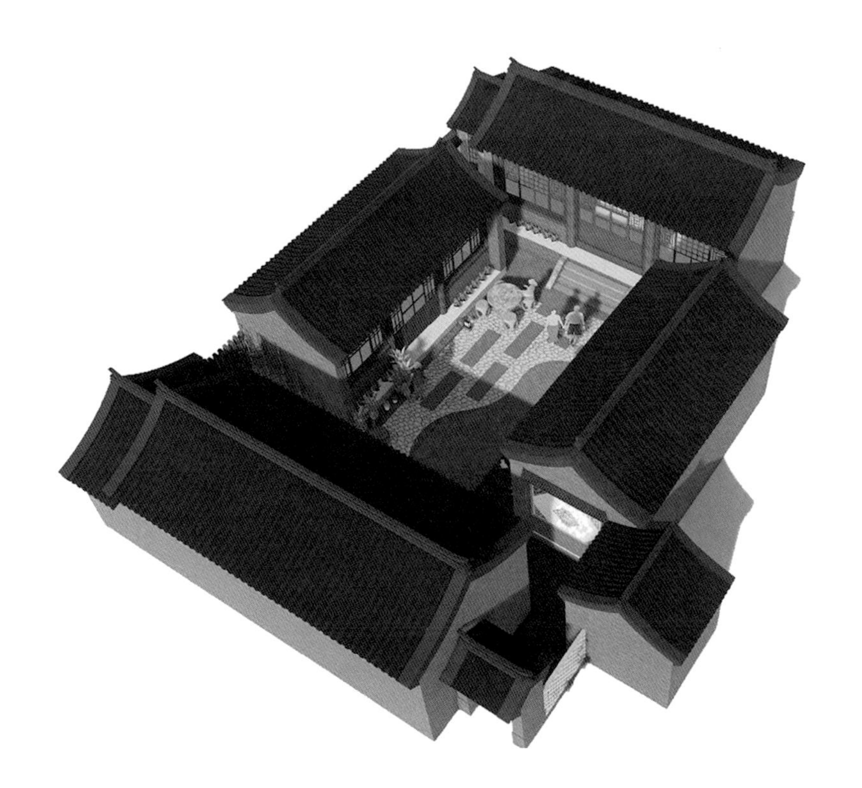

图3-4-26
39号院改造
鸟瞰效果图

图3-4-27
39号院正房
立面图

图3-4-28
39号院倒座
立面图

图3-4-29　39号院东厢房立面图

图3-4-30　39号院西厢房立面图

图3-4-31　39号院院落内部效果图1

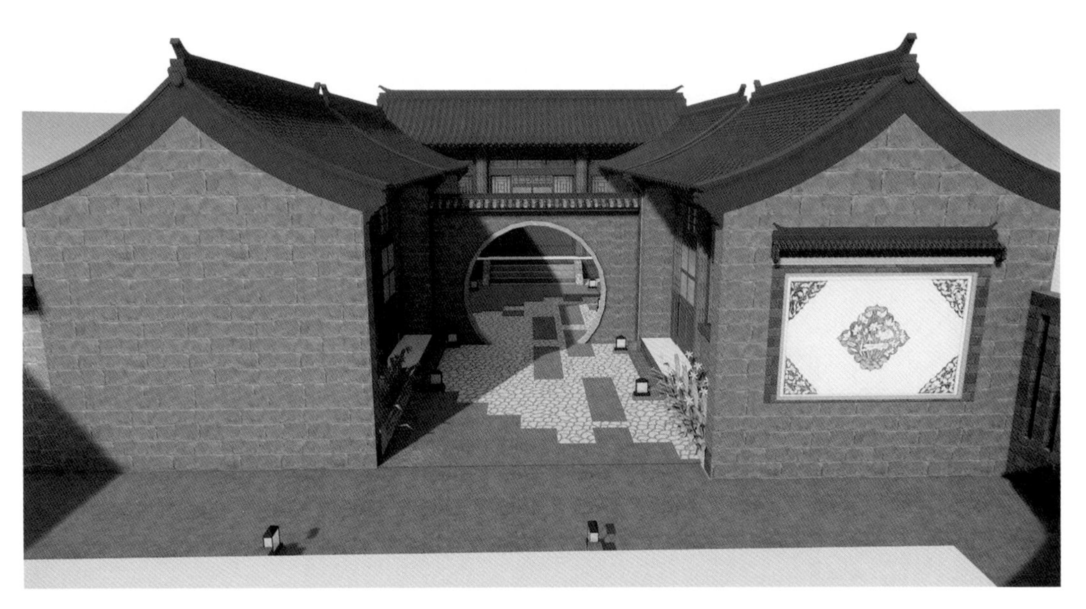

图3-4-32　39号院院落内部效果图2

图3-4-33　杜家庄中街52号院现状

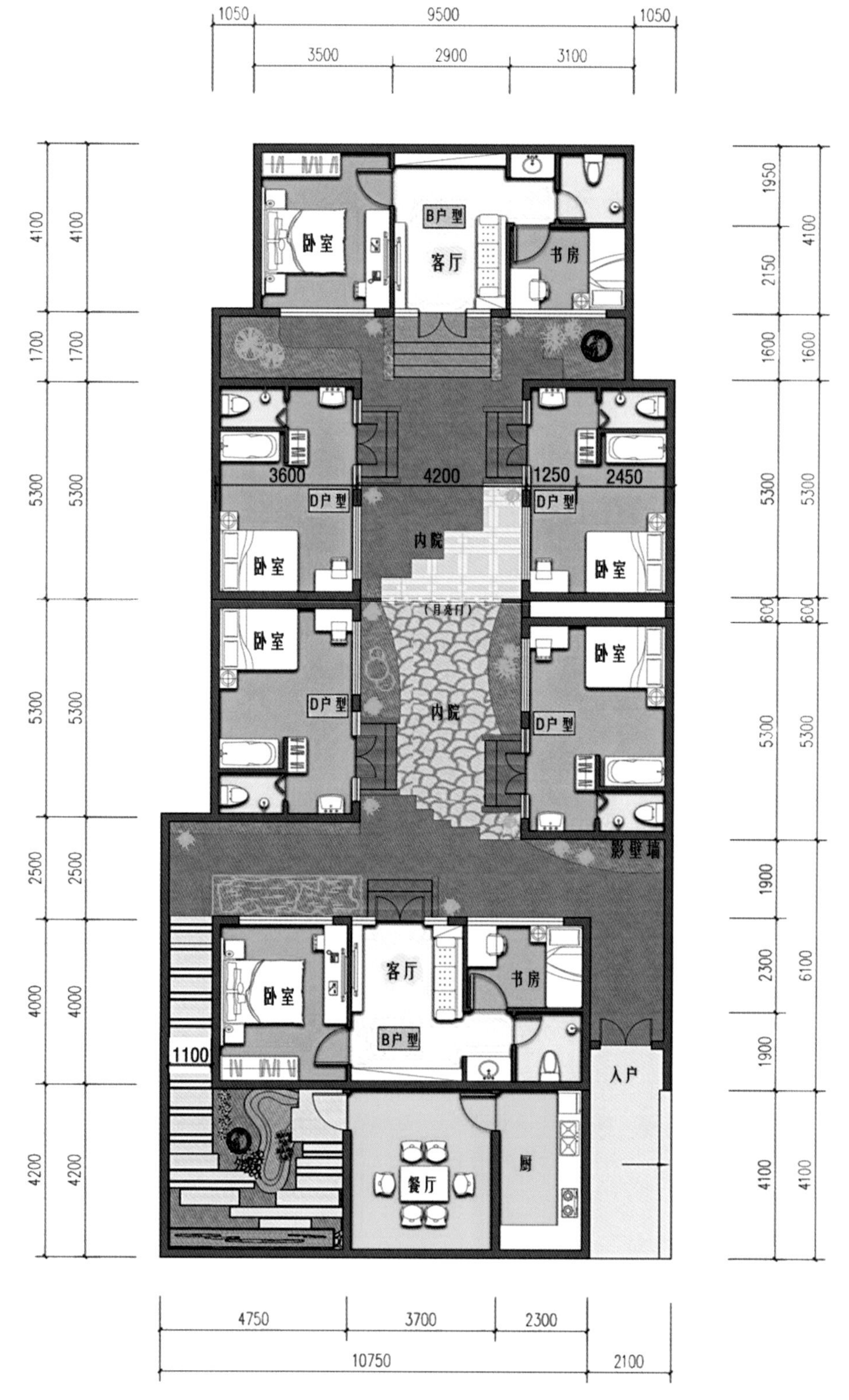

图3-4-34　52号院改造平面图

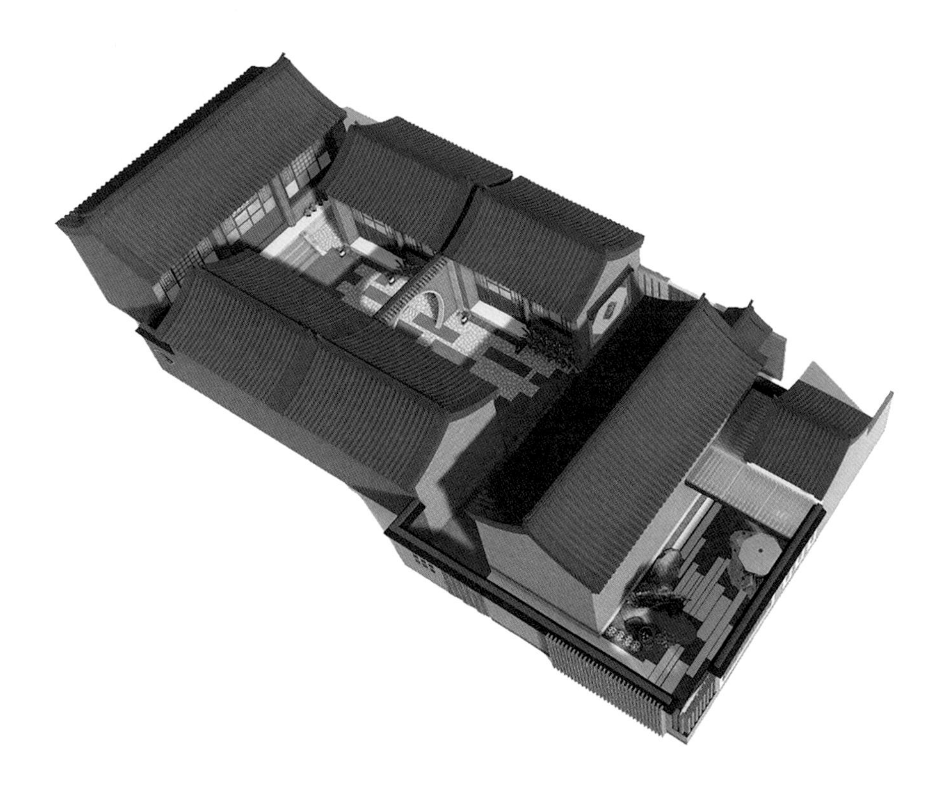

图3-4-35
52号院改造鸟瞰图

图3-4-36
52号院正房立面图

图3-4-37
52号院倒座房立面图

图3-4-38
52号院东厢房立面图

图3-4-39
52号院西厢房立面图

图3-4-40　52号院院落内部效果图1

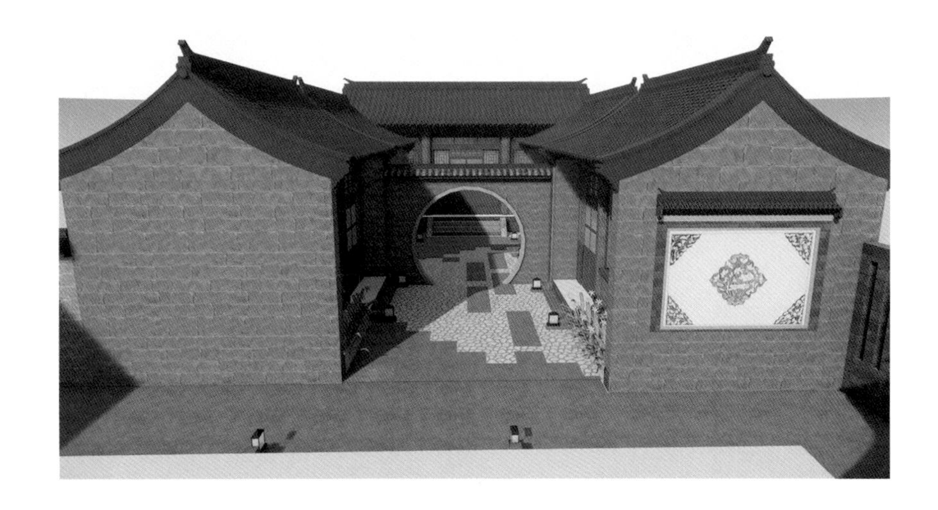

图3-4-41
52号院院落内部效果图2

（3）其他类型老宅院改造示意方案（图3-4-42～图3-4-47）

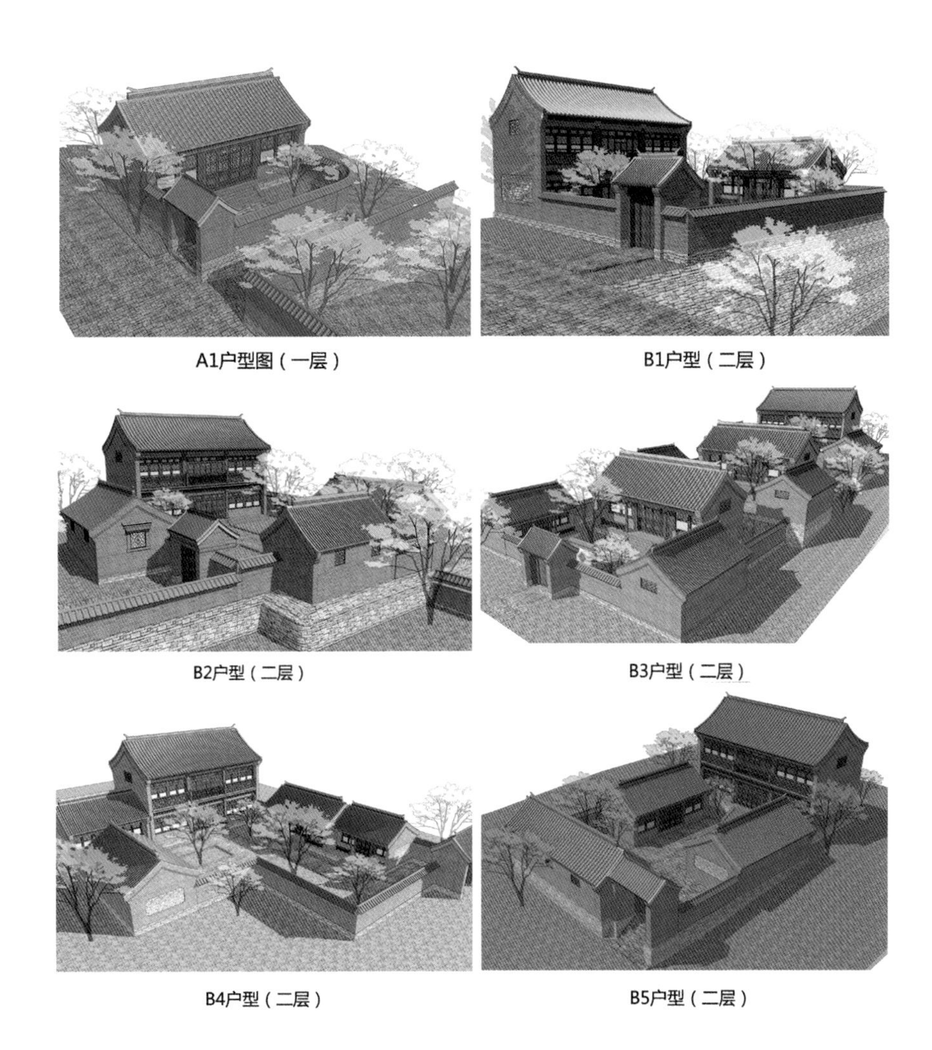

图3-4-42
明清传统风貌宅院各类户型图

A1户型

现状民居

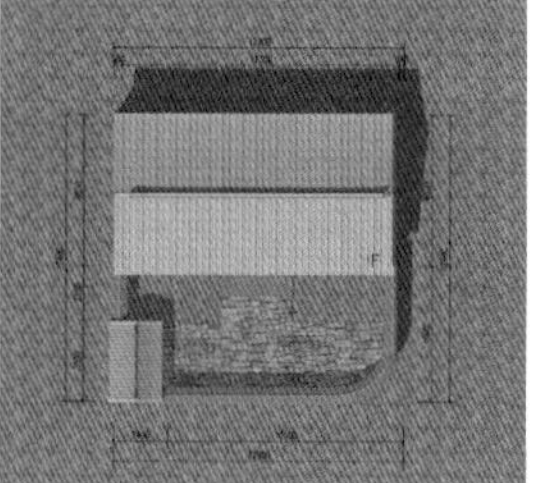

总平面图

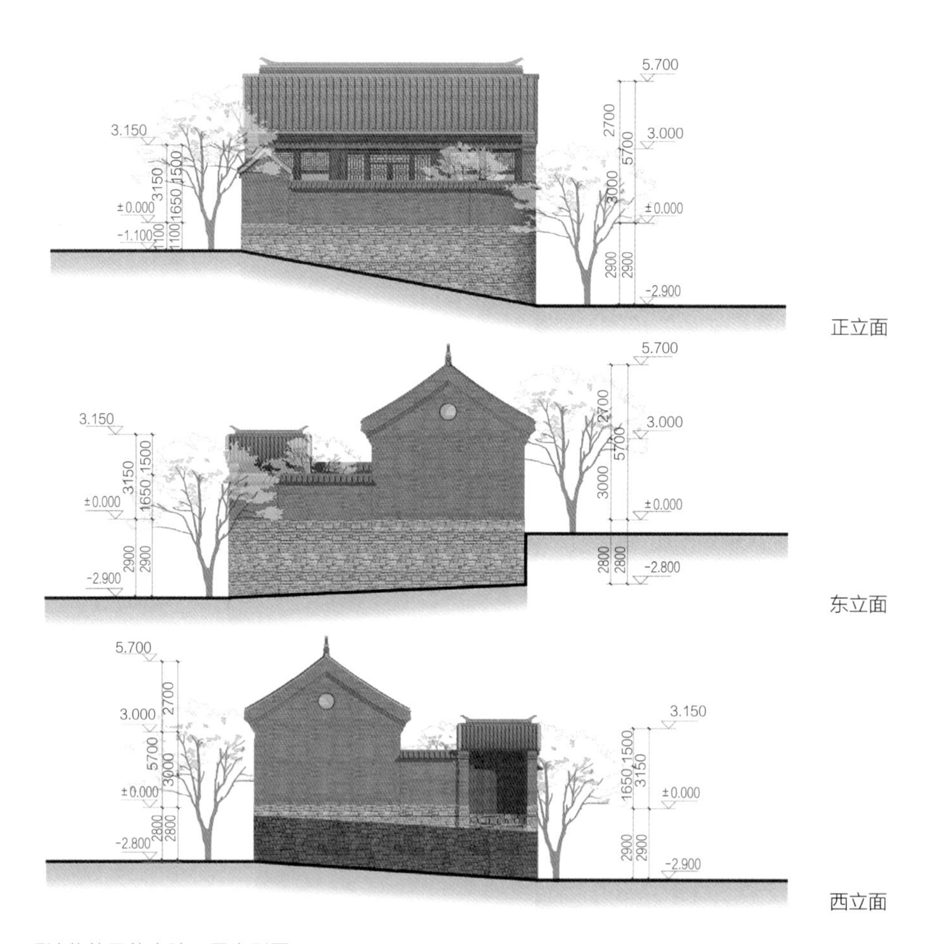

图3-4-43　明清传统风貌宅院一层户型图

B1户型

现状民居

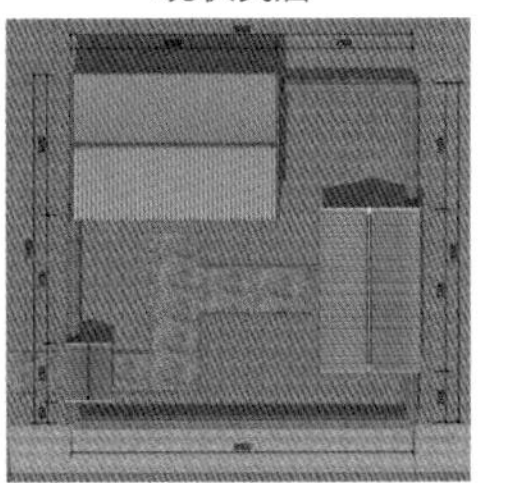

平面图

正立面

东立面

西立面

图3-4-44　明清传统风貌宅院二层户型图

A1户型（一层）　　A2户型（一层）

B1户型（二层）

B2户型（二层）

B3户型（二层）

B4户型（二层）

图3-4-45　近现代风貌宅院各类户型图

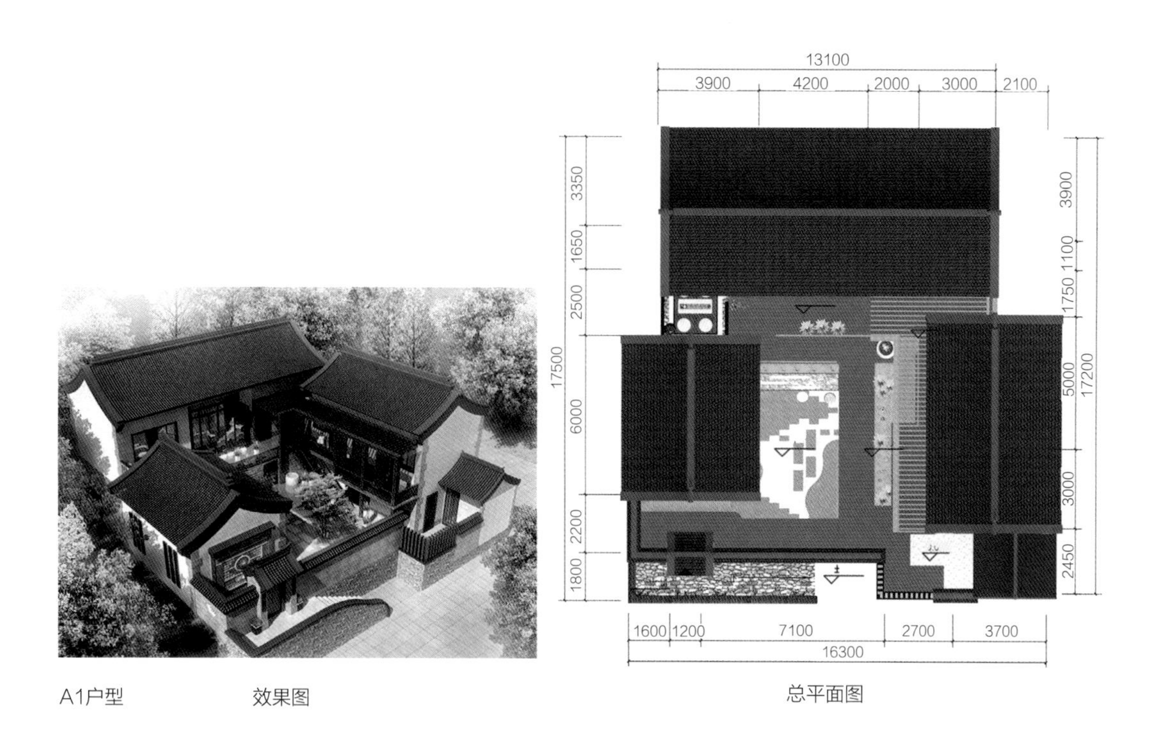

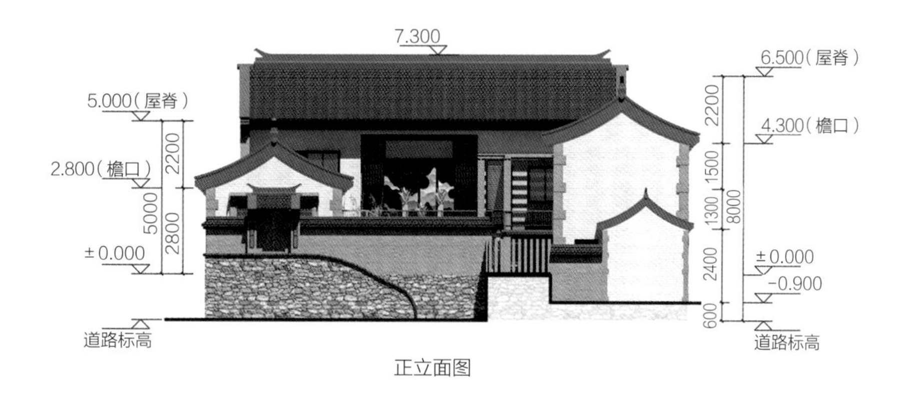

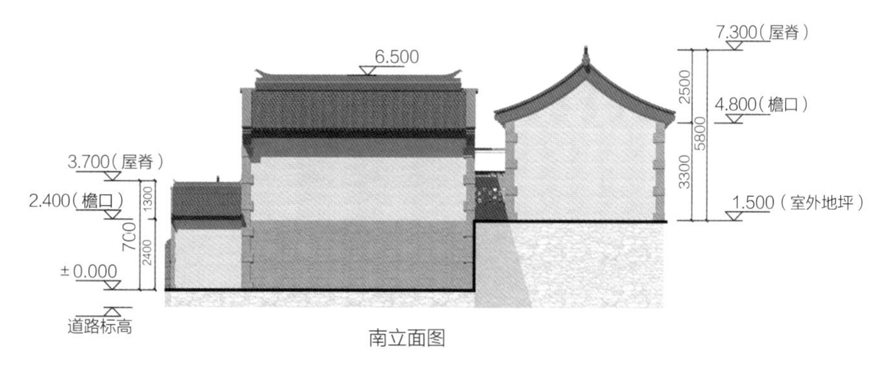

图3-4-46　近现代风貌宅院一层户型图（A1户型）

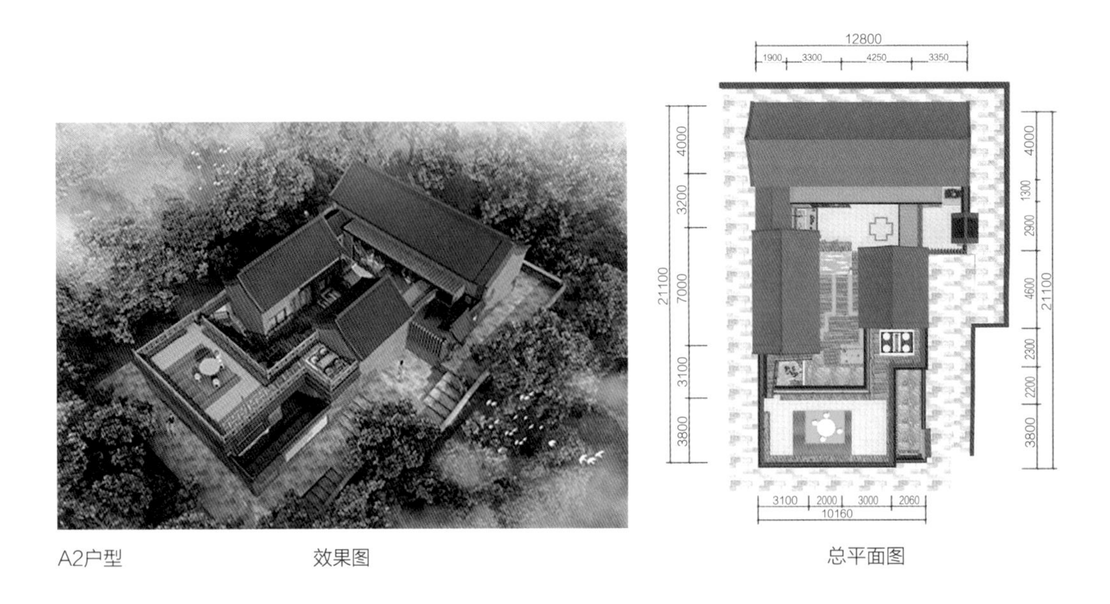

A2户型　　效果图　　总平面图

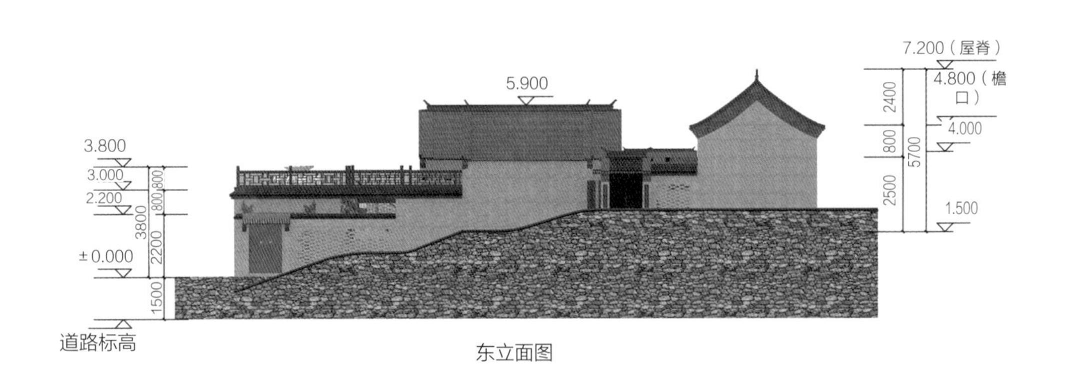

东立面图

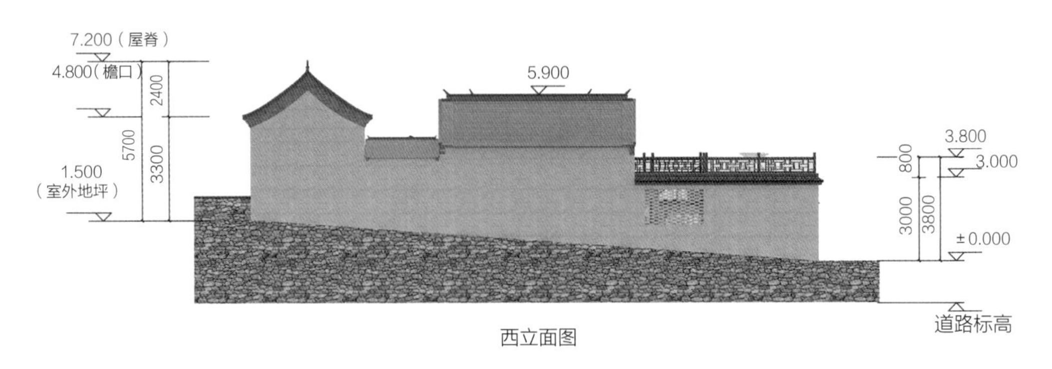

西立面图

图3-4-46　近现代风貌宅院一层户型图（A2户型）

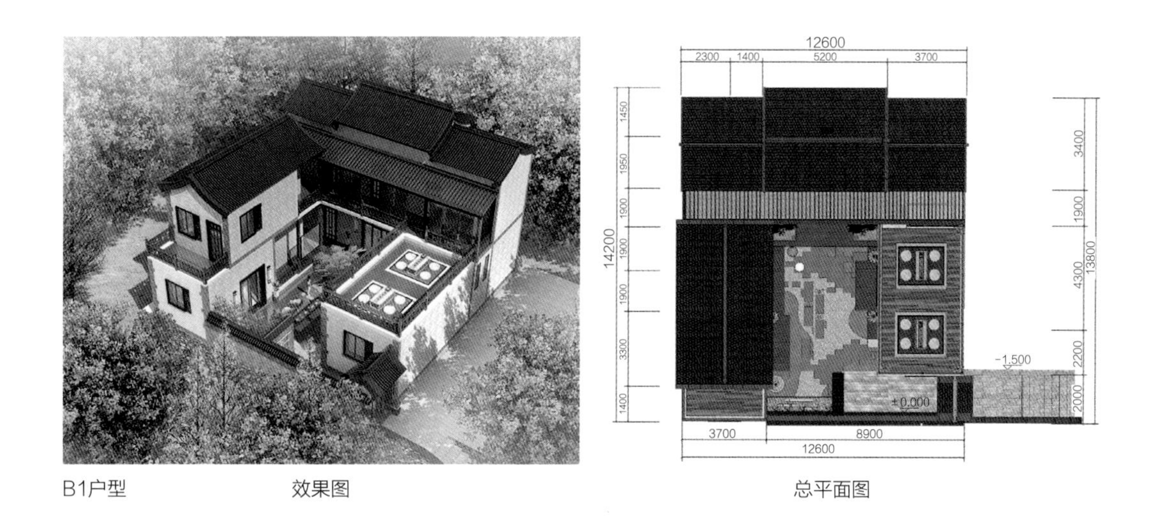

B1户型　　　　　　效果图　　　　　　　　　　　　　　　　　总平面图

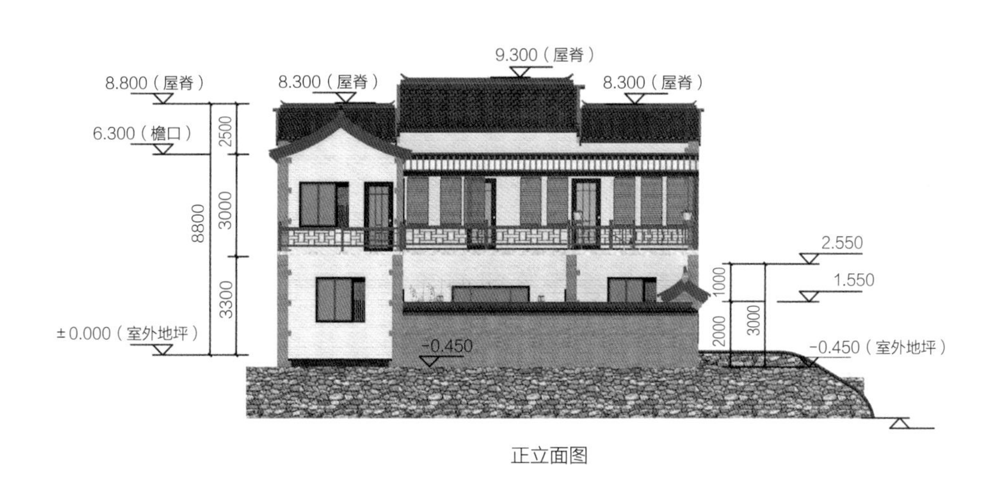

正立面图

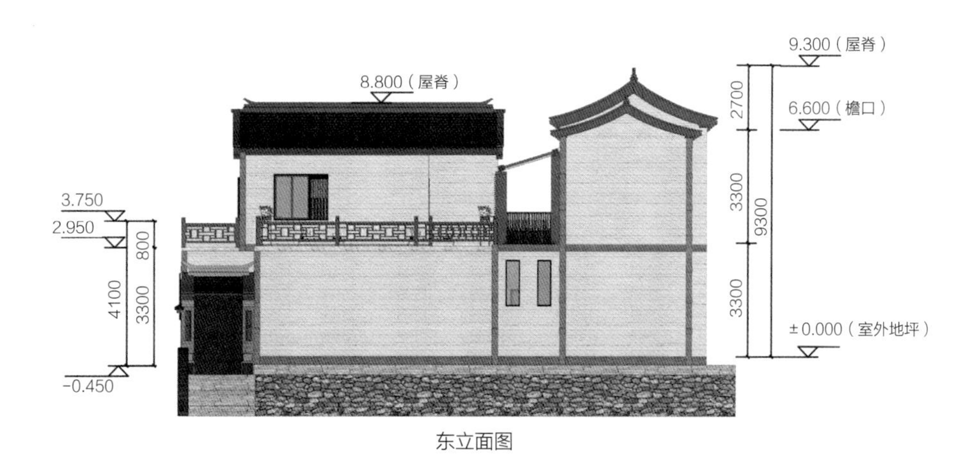

东立面图

图3-4-47 近现代风貌宅院二层户型（B1户型）

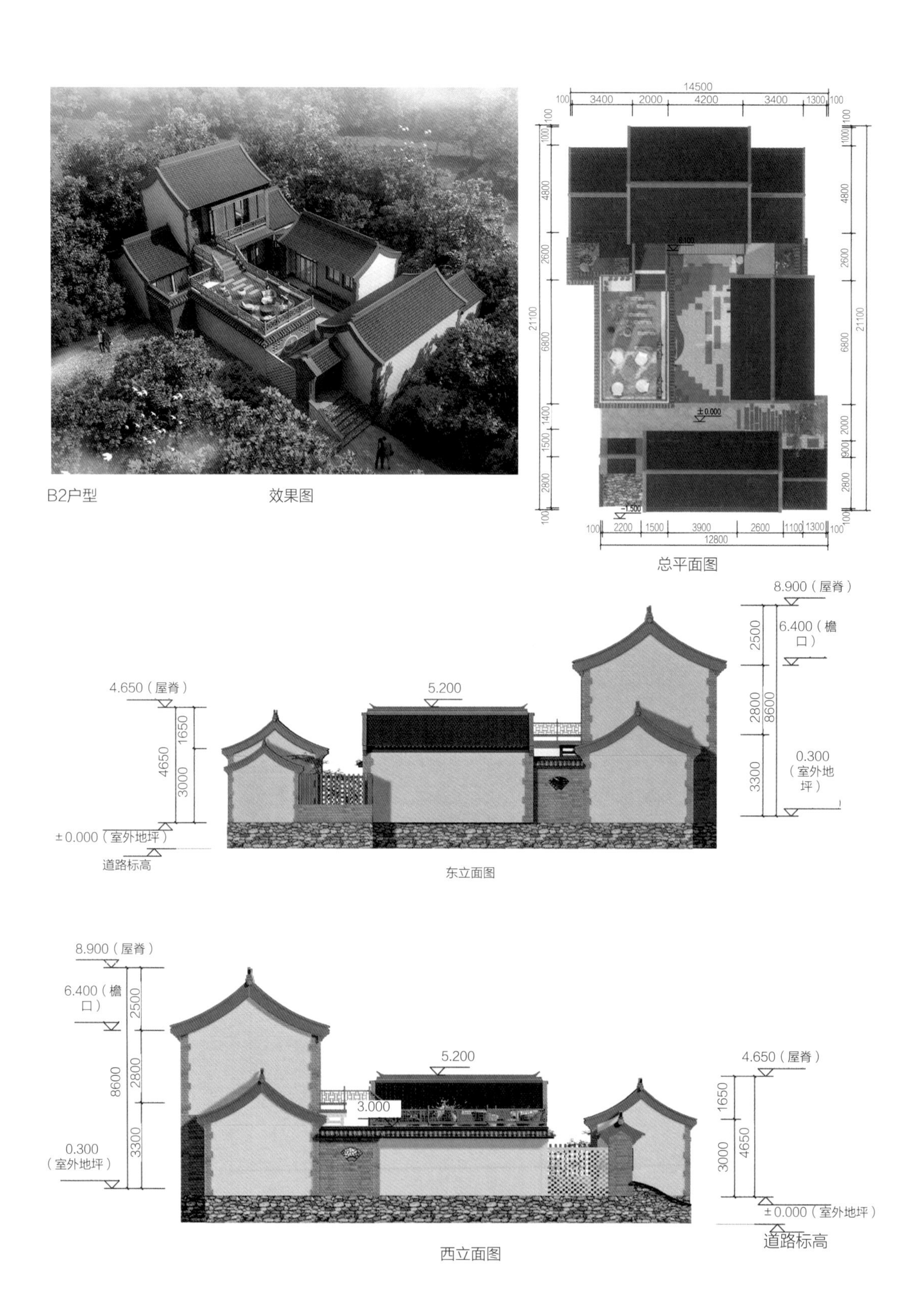

图3-4-47　近现代风貌宅院二层户型（B2户型）

B3户型 效果图 总平面图

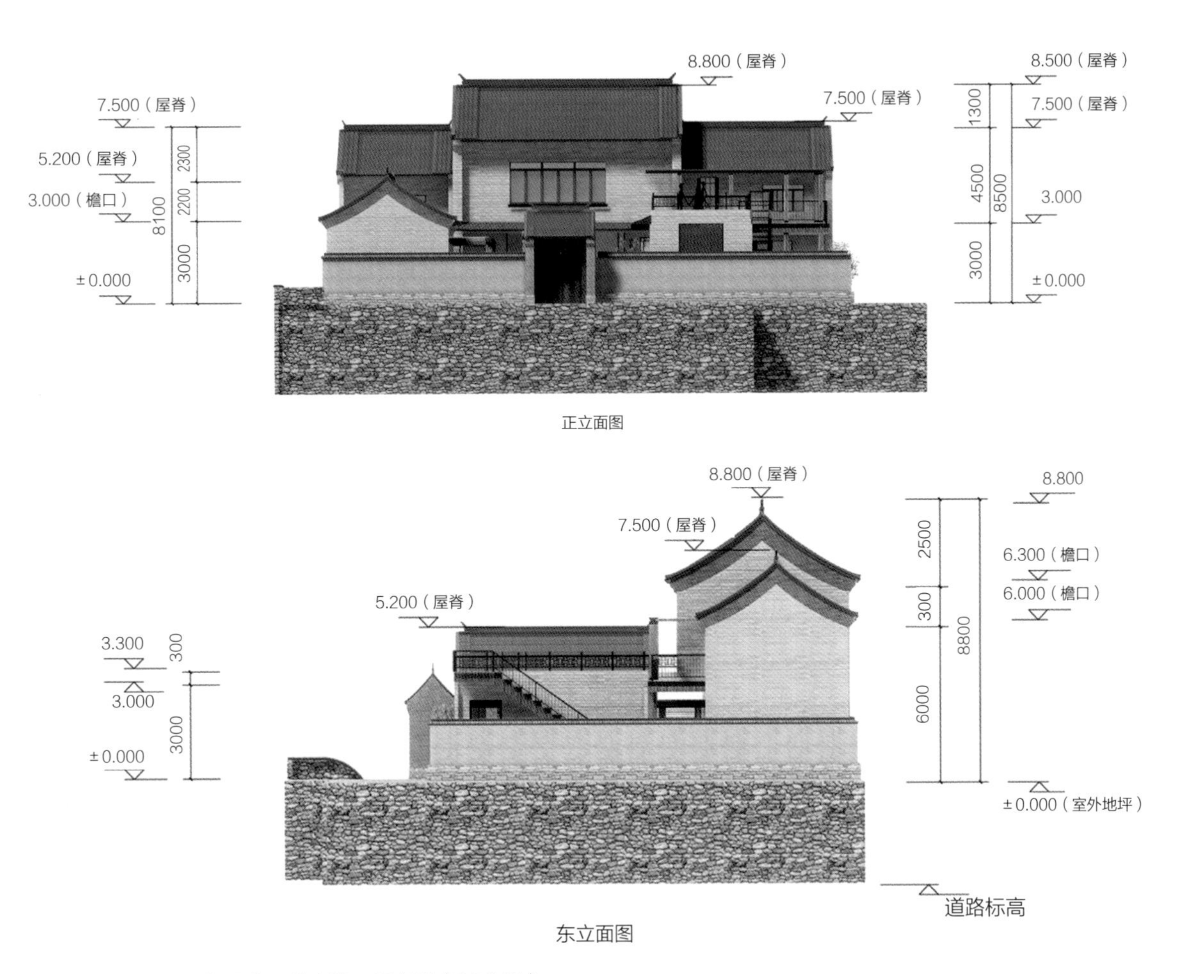

正立面图

东立面图

图3-4-47　近现代风貌宅院二层户型（B3户型）

B4户型　　效果图

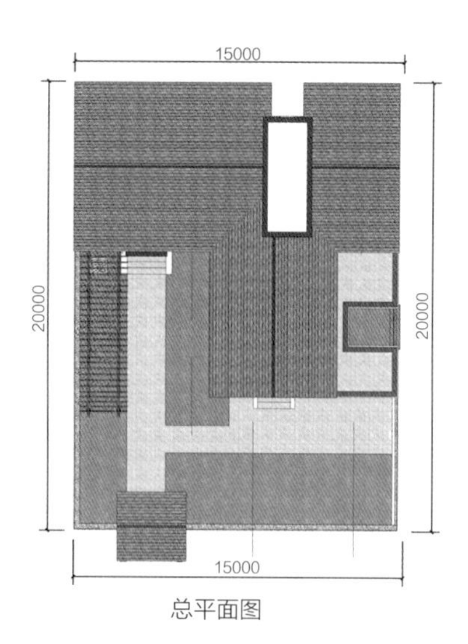

总平面图

东立面图

西立面图

图3-4-47　近现代风貌宅院二层户型（B4户型）

2）宅院布局

（1）总平面布局

保持原有院落布局，调整原有功能，进行整体功能的提升与完善，满足村民的现代化生活需求，延续乡土风情，突出传统风貌，不断提升村民的生活品质（图3-4-48、图3-4-49）。

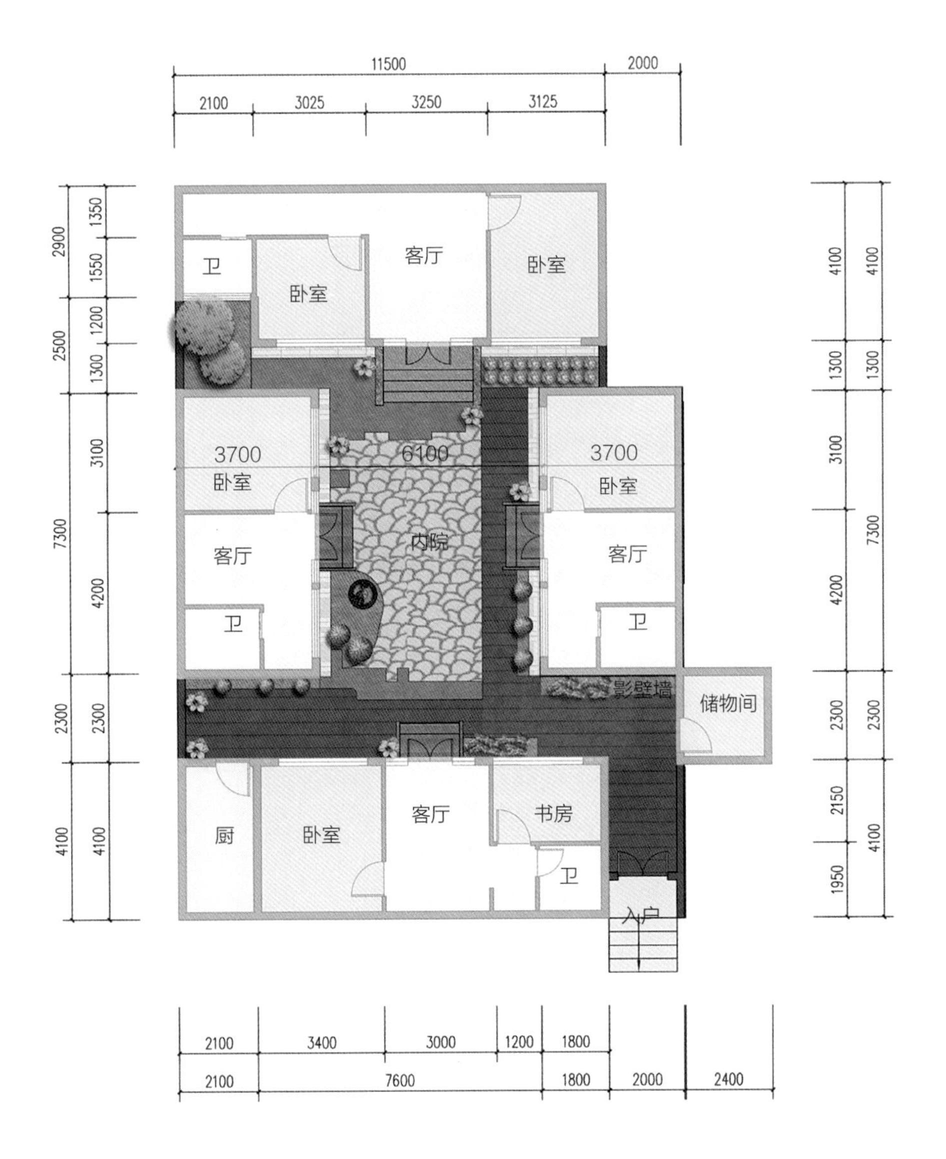

图3-4-48 院落示意平面图1

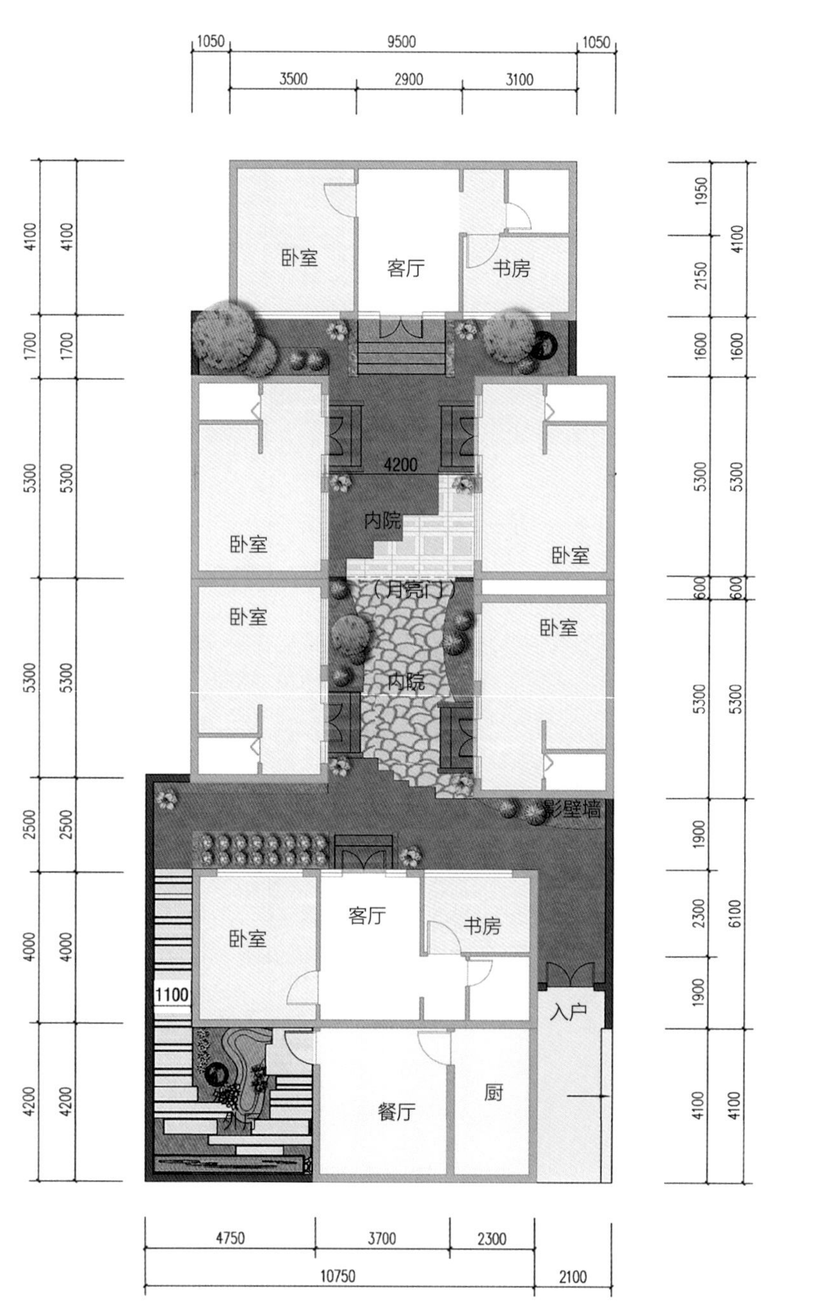

图3-4-49
院落示意平面图2

（2）庭院绿化

作为配置原则，植物树种选择应以本乡本土特有植被物种为基本选择范围，合乎村民对植物寓意的理解和认同。

绿化方式上应当体现“见缝插绿、平面绿化与垂直绿化相结合”的方式，如较大院落可以选择植树、种花、种菜；较小院落可以摆放盆栽、种植爬藤等。

绿化植物种植搭配上，应当注意植物高度的高低错落及颜色搭配。

庭院树种适宜选择石榴树、核桃树、枣树、苹果树、柿子树、香椿树等具有观赏、经济、美好寓意的树种（图3-4-50）。

石榴树的果实内含很多籽粒，寓意家庭人丁兴旺，子孙满堂。

核桃树的核与阖、合、和谐音，具有“阖家幸福、百年好合、和气生财”的含义。

枣树的枣与早是谐音，取“早生贵子”之意。

苹果树的苹与平是谐音，象征“平安、平和、吉利”。

柿子树秋霜后挂果，形体丰硕饱满，颜色橙红鲜艳，象征日子红红火火，圆满如意。

香椿树寓意长寿树，能呵护宅院，保佑长寿。

图3-4-50　庭院树种选择

（3）休憩空间

庭院内可以设置休憩廊、秋千、吊篮、石桌凳、遮阳伞等休闲娱乐设施，满足村民日常生活的需求。

利用庭院内的房屋背阴处或树荫下放置休闲桌椅，提供休憩、纳凉、聊天的功能。

（4）家庭养殖空间

可在庭院内搭设宠物棚舍，养殖猫犬类宠物或鸡鸭鹅兔等小型动物。庭院宠物养殖空间不宜过大，数量和种类以少为宜，避免异味飘散影响日常生活（图3-4-51）。

（5）机动车、农机具空间

机动车、摩托车可以放置在车库内，也可以结合院落绿化放置在院落中，地面建议做铺装。

农机具的使用具有季节性，应当放置在机具库房内，也可以放置在机动车库内。

机动车库、机具库房周围的边角地带可以栽种适宜的树木，增加庭院的绿化面积。

（6）家畜家禽、杂物归置空间

家畜家禽的圈厩棚舍应当布置在院落的偏背处，建议靠近室外厕，不与生活用房共用外墙。

01

02

03

图3-4-51　庭院养殖空间示意图

圈厩棚舍的周边栽种灌木或花草，遮蔽视线，美化环境。

利用闲置房屋集中归置杂物，保持院落整齐干净，居住舒适。

（7）地面铺装

宅院内的地面应当进行适当铺装，显得整齐干净，降低扬尘漂灰，提高宅院环境质量。

铺装材料可以就地取材，选取石板、机制砖或地面铺装砖（图3-4-52）。

宅院内可以设置小花坛、绿篱、树池，栽种树木花草；或者开辟小菜园，栽种时令蔬菜，美化宅院环境，享受农家生活。

图3-4-52
地面铺装选择

（8）景观小品

以影壁（照壁）、小花坛、水缸、石碾盘、盆栽、石桌凳、遮阳伞等物件为宅院内的景观小品，增添院落的乡土气息，彰显村庄的民俗文化（图3-4-53）。

图3-4-53　景观小品选择

3）室内陈设

（1）客厅

以现代风格的组合沙发、茶几、电视柜、屏风墙、艺术挂件为主体，或者传统风格的古式八仙桌椅、中堂画、博古架、字画、水族箱、绿植盆栽为主体，配合柜式空调机或壁挂空调机、组合柜，体现家庭的优雅环境，提高家庭生活的艺术品位。

（2）卧室

以经济、美观、简洁、淳朴为特色，体现当地村民的生活习俗和审美特征，满足居家生活的需求。

以北方农村的火炕、炕桌、炕柜为主体进行布置，宜靠近临窗墙面。为了提高居寝的舒适性，可以增设柜式空调机、大衣橱、化妆台等家具。

为了满足年轻人的居寝要求，可以将火炕改换成大床和床头矮柜，配饰落地灯、壁挂电视、大衣橱、沙发、靠椅等家具（图3-4-54）。

图3-4-54
卧室摆设示意图

（3）书房

书房是陶冶性情，提高精神生活的空间，应当体现当地村民的生活习俗和审美特征，满足阅读活动的需求。

以书桌、椅子、台灯、书柜（架）为主体，配合博古架、绿植架等家具以及书画作品等装饰，营造安静、舒心的阅读环境。

家具布置要充分考虑现代家用电器的应用，可以在书桌旁设置矮柜，放置电脑、台灯、打印机等现代居室办公设备。

（4）厨房

考虑到门头沟区村庄大都以燃气及电力为燃料，作为农村住宅的厨房应当以安全、方便、经济、美观为配置原则。

建议将选择、清洗、加工、烹饪的流线引入农村厨房中，厨房宜分为加工区域和餐饮区域。

加工区域布置清洗池、案桌（台）、炉灶等厨具，方便开展各种炊事活动。

餐饮区域布置餐桌餐椅、冰箱冰柜、酒柜等家具，方便进行各种餐食活动。考虑到当地村民有在炕桌餐食的习惯，建议配置炕桌以满足需求。

出于安全与健康的考虑，炉灶应当布置在通风良好的地方，方便烹饪加工时的排风通畅，垃圾桶最好放置在室外。

（5）室内物件和摆件

通过实地调查发现，当地村民家中的物件、摆件种类很多，例如传统的老式座钟、三门立柜、挂屏、博古架、盆栽架、古花瓶、奇石架、茶具、灯具、字画、镜框、奖状、什锦相框等，现代的水族箱、空调机、加湿器、电暖气、洗衣机、烘干机等，这些室内物件、摆件是室内陈设的重要元素。

室内物件、摆件的配置应当以满足生活需求、体现生活审美，有利营造优雅、整洁、温馨、舒适的环境气氛为原则。

对于一些老旧物件和摆件，可以采取整旧翻新的方式放置在室内，体现时代气息，增加室内古雅气氛（图3-4-55）。

图3-4-55　室内物件和摆设示意图

4）门窗（图3-4-56、图3-4-57）

图3-4-56
传统形式门窗

图3-4-57
近现代形式门窗

5）立面（图3-4-58、图3-4-59）

图3-4-58　传统形式民居立面

图3-4-59　近现代形式民居立面

6）墙体（图3-4-60、图3-4-61）

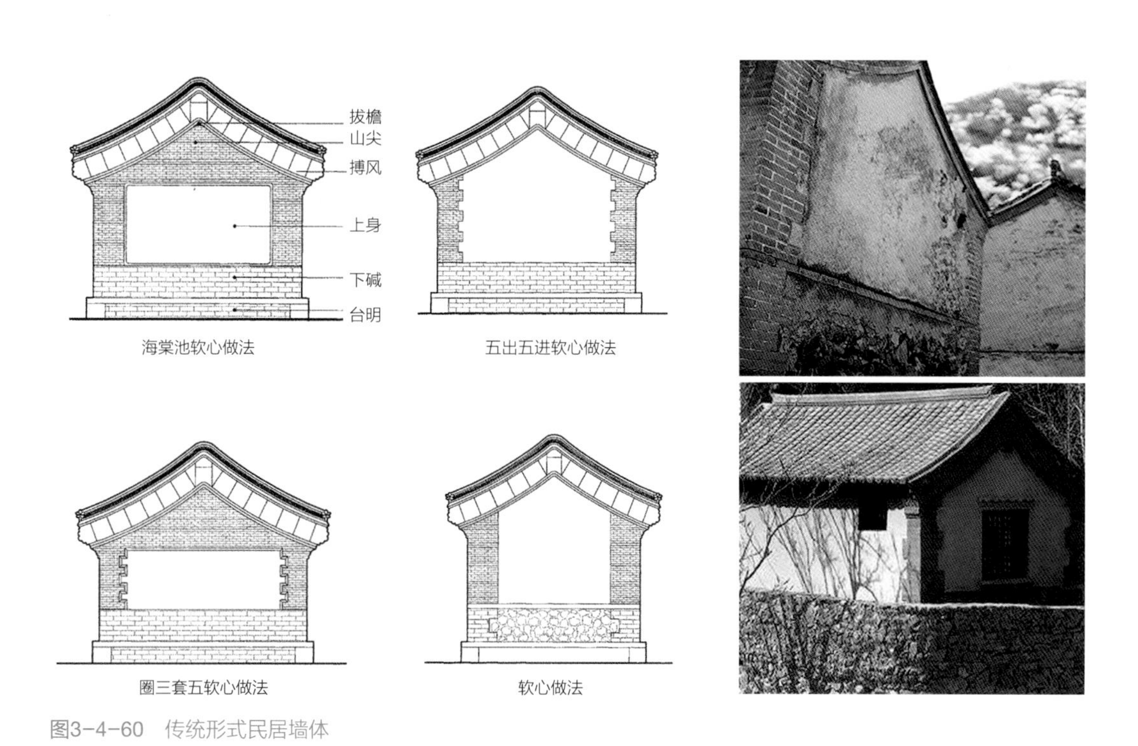

图3-4-60　传统形式民居墙体

图3-4-61　近现代形式民居墙体

7）屋顶（图3-4-62、图3-4-63）

图3-4-62　传统形式民居屋顶

图3-4-63　近现代形式民居屋顶

8）装饰（图3-4-64）

图3-4-64　民居装饰

9）建筑色彩

（1）基本原则

以门头沟区传统民居建筑色彩关系为基本原则，结合本村庄或所在镇现状保存的传统民宅建筑的特点而定。

（2）传统民居固有颜色

包括传统民居的青灰砖墙、毛石墙基、青灰屋瓦等材质的固有颜色，部分村庄屋顶敷设石板而显现的石青色，院墙、山墙的软心常用的白粉色、浅土黄色，传统门窗的油饰常用的木本色、赭红色。

（3）色彩选择

传统宅院建议采用门头沟区传统民居的建筑色彩关系。改造、新建宅院应在门头沟区传统民居建筑色彩的基础上进行优化提炼，体现简洁大方、质朴实用的风貌特色。

（4）建筑色彩的配色关系

墙面色彩以冷色调为主，暖色调中只选一种；在冷色调中，色彩灰度可以选择两种。

屋面色彩以冷色调为主，在色彩灰度上可以选择两种。

门窗色彩以暖色调为主，在色彩灰度或色彩纯度上可以选择两种。

应当注意村庄整体的建筑色彩关系的统一协调。

（5）慎用颜色

不建议在传统风貌的村庄中使用红砖色墙面、红瓦屋面及彩钢瓦屋面。

搬迁安置的村庄可以考虑统一规划设计运用红砖色墙面，但对于红瓦屋面使用要慎重。

不建议采用徽派民居“白墙黛瓦”的色彩表达，可以将深灰、浅灰、白色、青灰颜色结合运用。

不建议在民居房屋上采用冷暖色调对比强烈的色彩（图3-4-65）。

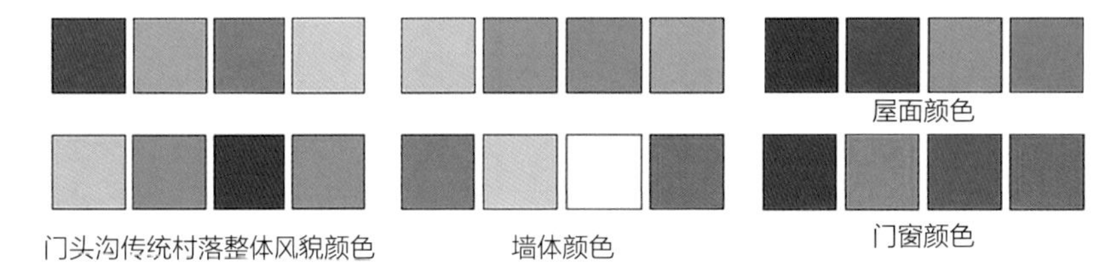

图3-4-65　传统民居建筑色彩

10）建筑材质

建筑材质选择上要以经济实用、保温隔热、绿色环保为基本原则。

在条件允许的情况下，可选用烧制的砖瓦和天然的石材、木材，例如小青瓦、青砖、毛石、青石、鹅卵石等。

险村搬迁、异地安置的村庄，建议选用砖瓦、成品型材、外墙涂料、饰面砖等经济性较好的复合材料，例如沥青瓦、树脂瓦、玻璃钢瓦、铝合金型材、塑钢型材、仿古饰面砖等。

对传统民居进行保护修缮时，应当使用与原有建筑材料质地相同的材料，尽可能就地选用本地乡土材料。

老旧房屋拆除下来的具有传统特征的青砖、筒板瓦、勾滴、脊饰、抱鼓、门墩等砖石构件，门窗槅扇、装饰物等“老物件”，不要轻易废弃，建议统一收集和管理，在传统民居修缮、改造及新居建设中统筹运用（图3-4-66）。

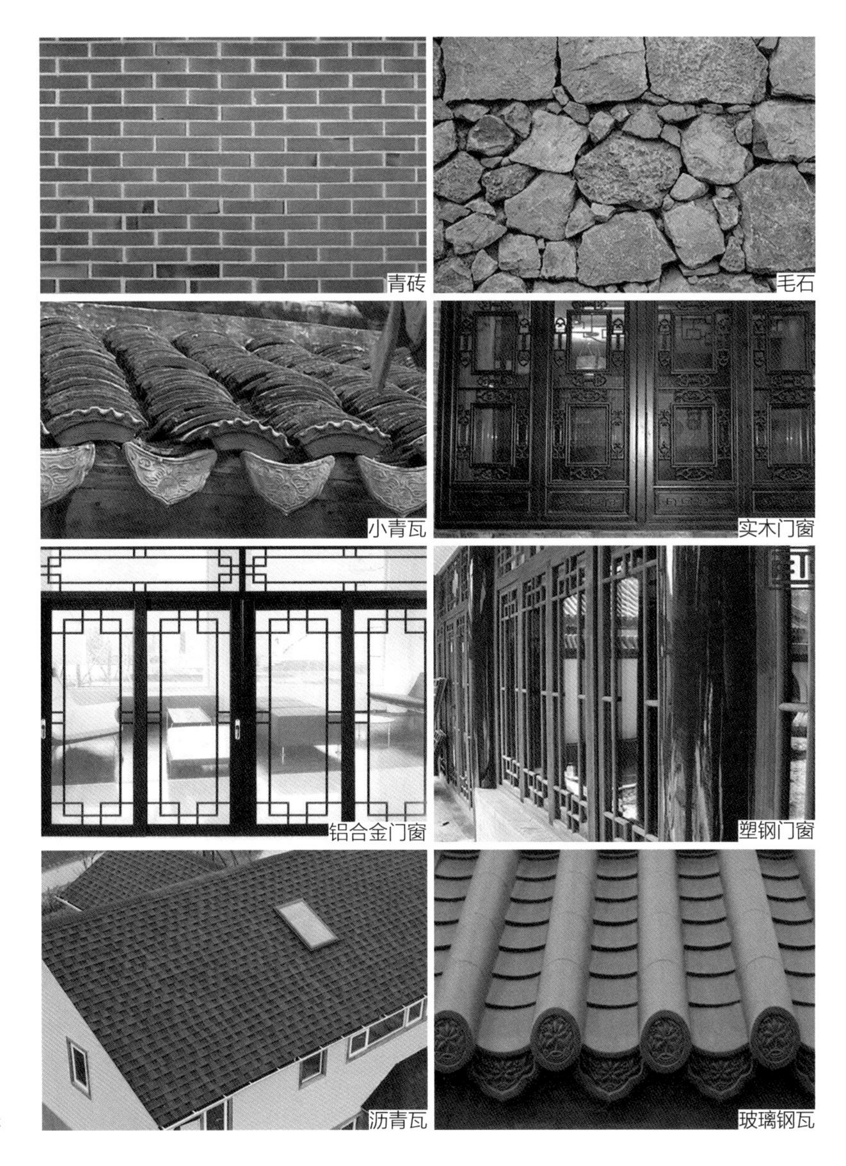

图3-4-66
民居建筑材质选择

11）村庄民宅院落及建筑控制性要求

（1）村庄民宅院落分类

门头沟区的村庄建成历史年代跨度大，所处地形地貌不同，村庄发展建设程度、经济情况不尽相同。因此，各村的宅院、甚至同一村庄中各户宅院的现状都存在着明显的差异。因此，结合宅院现状的不同特点进行梳理分类，依据分类制定有针对性的院落与民宅建筑的控制性要求。宅院分为传统宅院、老宅院、新宅院三种类型。

（2）传统宅院

传统宅院的定义为：被划定为中国传统村落、北京市传统村落名录中的传统宅院；未被划定为中国传统村落、北京市传统村落，但是在明清时期建造并保存至今的宅院。

控制基本原则：以保护传承为主，提升居住功能为辅。

传统宅院建筑控制性要求，严格依据其《传统村落保护发展规划》的相关要求对风貌进行引导管控，保护传统院落历史的真实性、完整性、延续性及可持续发展。

（3）老宅院

老宅院的定义为：建造年代百年以上并具有明显传统建筑特征的宅院；民国时期建造并具有当时历史特征的宅院；中华人民共和国成立初期至改革开放初期建造并具有当时时代特征的宅院。

控制基本原则：保护传承与完善居住功能相结合，同步提升。

老宅院建筑控制性要求如下：

①院落布局

保持原有的院落布局不变，不得随意改变院落布局。

对于院落布局遭到改变或破坏的部分，应恢复原有的布局及形式。

在不破坏院落布局及空间允许的条件下，可以对院落布局进行适当优化设计，如加建耳房、杂物间及遮阳棚等；建议将耳房作为卫生间、厨房间使用，提升生活居住条件；不得破坏、拆除院落内原有的影壁、院墙、门楼等，建议对已经拆除、破坏的部分依据传统样式进行修复。

在院落空间允许的条件下，建议适度增加院落内的绿化空间。

②院落尺寸

保持原有的院落范围及面积不变，不得随意改变范围及面积。

③建筑面积

保持原有院落的建筑面积不变，不得随意改建、扩建原有建筑，不得随意加建新建筑。

④建筑密度

原则上保持原有院落的建筑密度。在对院落进行改造提升时，院落面积小于200平方米时，院落内的建筑密度不得超过70%；院落面积大于200平方米时，超出200平方米部分的建筑密度按照不得超过50%计算。

⑤建筑层数与高度

保持原有院落的建筑层数与高度不变，建筑层数基本控制为一层。

⑥建筑体量

保持原有院落的建筑体量不变，对院落进行改造提升时，建议与院落原有的建筑体量保持一致。

⑦建筑屋顶

保持原有的传统建筑屋顶形式不变，建筑屋顶坡度不宜超过30度；尊重历史建筑的屋顶形式，对于建成时为平屋顶的建筑建议保持其原有屋顶形式。

⑧建筑保护与改造

保护与改造时，建议采用传统工艺和传统材料，使建筑外部符合传统建筑的结构和风貌特征。

在条件允许的情况下，尽量采用当地的木材、石材等建筑材料；注意对具有历史价值及传统特征的建筑构件和装饰物的保护、修缮及利用；积极咨询和征求当地老工匠的意见，并邀请他们参与建筑保护与改造的工作。

⑨建筑安全性

必须把建筑安全性放在首位。在进行建筑加固修缮时，必须保证承重构件、支撑构件、重要部位的结构性能；采用高效能的保温材料，提升建筑的保温性能；配置建筑消防设施，坚决消除火灾隐患。

（4）新宅院

新宅院的定义：中华人民共和国成立以来建造的、不具备明显传统建筑特征的宅院；险村搬迁、异地安置的宅院。

控制基本原则：改造更新，重建新建。

新宅院建筑控制性要求如下：

①院落布局

a）改造院落（现状部分）：建议以三合院、四合院为主要布局形式，空间较小的院落可以采用“L形”布局形式，不建议只有一排正房的院落布局。

不得随意改动、破坏原有的院落布局，可在原有布局的基础上进行适当优化设计，以提升生活居住条件。

b）新建院落（险村搬迁，异地安置）：以一户一宅为原则，以三合院、“L形”的二合院为主要布局形式，不建议只有一排正房的院落布局；建设用地紧张的村庄，在地质地形条件允许的前提下，可考虑建设双拼或联排式住宅，不建议建设多层集中式住宅；建议在院落中设置座山影壁或一字影壁；建议在院落内布置适当的绿化空间。

院落的主要出入口应设置在交通性较好的街巷方向，不建议将主要出入口设置在院落的北侧。

②院落尺寸

a）改造院落（现状部分）：保持原有的院落面积及范围不变。

b）新建院落（险村搬迁，异地安置）：以一户一宅为原则，每户安置用地面积不得大于0.25亩（约为167平方米）。

③建筑面积

a）改造院落（现状部分）：院落内总建筑面积不得大于180平方米。若院落内均为一层房屋，则建筑面积不得大于120平方米，若院落内有二层房屋，则建筑面积不得大于180平方米。

b）新建院落（险村搬迁，异地安置）：院落内总建筑面积不得大于180平方米。若院落内均为一层房屋，则建筑面积不得大于120平方米，若院落内有二层房屋，则建筑面积不得大于180平方米。

④建筑密度

a）改造院落（现状部分）：若院落内均为一层房屋，则建筑密度不得超过72%，若院落内有二层房屋，二层院落内的建筑密度不得超过60%。

b）新建院落（险村搬迁，异地安置）：院落内的建筑密度不得超过72%。

⑤建筑层数与高度

基本要求与传统院落的建筑高度相协调。

a）改造院落（现状部分）：建筑层数控制在二层以内，一层房屋的檐口高度不得高于3.5米，正房屋脊高度不得超过7米；二层房屋的檐口高度不得超过7米，正房屋脊高度不得超过9米[①]。

现状建筑改造时，台基高度不宜超过0.5米；原有台基高度超过0.5米时，维持原高度，但不宜超过0.7米。

现状院落改造时，院墙高度不宜超过2米；原有院墙高度超过2米时，维持原高度，但不宜超过2.2米。

b）新建院落（险村搬迁，异地安置）：建筑层数控制在二层以内，一层房屋的檐口高度不得超过3.5米，正房屋脊高度不得超过7米；二层房屋的檐口高度不得超过7米；正房屋脊高度不得超过9米；建筑台基高度不宜超过0.45米；新建院落的院墙高度不宜超过2米。

⑥建筑体量

基本要求与传统院落的建筑体量相协调。

a）改造院落（现状部分）：三跨式正房正立面宽度不宜超过11米，五跨式正房正立面宽度不宜超过18米，耳房正立面宽度不宜超过3.5米；两跨式厢房正立面宽度不宜超过7米，三跨式厢房正立面宽度不宜超过10.5米；三跨式倒座正立面宽度不宜超过11米，四跨式倒座正立面宽度不宜超过14米。

正房山墙宽度不宜超过5.6米，耳房山墙宽度不宜超过

① 檐口高度为檐口底面到台基的垂直高度，屋脊高度为房屋正脊中央顶面到台基的垂直高度，余同。

4.6米，厢房山墙宽度不宜超过4.6米，倒座山墙宽度不宜超过5米。

b）新建院落（险村搬迁，异地安置）：正房正立面宽度不宜超过16.6米，不宜小于11米，正房山墙宽度不宜超过6.4米，不宜小于5.6米；厢房正立面宽度不宜超过9.6米，不宜小于3.6米，厢房山墙宽度不宜超过4.6米，不宜小于3.6米。

⑦建筑屋顶

建筑屋顶形式建议采用传统民居的双坡硬山顶为基础形式，可依据施工要求进行简化处理。屋脊形式建议采用清水脊、鞍子脊为基础形式，可依据施工要求进行简化处理。屋顶坡度建议不超过30度。

屋面建议采用板瓦、叠瓦、筒瓦为基础形式，可依据施工要求进行简化处理。

⑧其他要求

新宅院的建筑风貌应当与门头沟区传统村落风貌相协调，以传统建筑的风貌为基础进行改进创新，凸显门头沟区的地域文化特色和绿色生态特征。

建筑的安全、保温、环保及消防等技术要求应当按照相关建筑设计标准与规范执行。

肆

风貌管控建议

4.1 加强宣传教育

1）加强对村镇一级的党员干部的宣传教育

加强党员干部认识了解门头沟村庄的历史沿革、文化承载、传统风貌特色等，充分认识保护传统村庄风貌在村庄建设发展中的现实意义和重要性。

加强党员干部学习领会乡村振兴战略中美丽乡村建设对村庄风貌建设提出的具体要求，熟练掌握《导则》中村庄风貌建设的设计原则、指导意见、设计要素、控制要求等内容，有效指导村庄风貌建设工作。

2）加强对村民的宣传教育

普及门头沟区历史文化、传统习俗、传统村落与传统民居特点等相关知识。加强宣传工作，举办历史文化和传统民居建筑保护知识的展览，提升村民对本乡本土文化的认同感。

强化《导则》对村庄建设和产业发展所起的带动作用，邀请村庄规划、建设方面的专家为村民授课，使村民读懂和理解《导则》的相关内容，学会应用《导则》指导自家宅院的建设。

3）加强对村庄规划师、建筑师、设计师的培训

加强对从事村庄规划编制的规划师、建筑师、设计师的培训学习，将《导则》作为村庄规划编制工作的重要依据及村庄各项建设项目设计工作的重要参考。

4.2 引导公众参与

村民始终是乡村建设的主体，政府、设计单位、企业等只能是协作者。充分激发村民的未来憧憬和行动意愿，引导村民积极参与到村庄风貌建设及村庄可持续发展的事业中去。要突破传统意义上的“公众参与”，使村民从被动管控的主体转变为开放、自由、平等的积极参与者，让村民参与讨论村庄风貌的重大问题，形成共识，统一全体村民对风貌建设的认识，引导村民积极参与村庄风貌建设，激发村民的主人翁意识。

建立持续参与的长效机制，引导村民从《导则》的编制到长期参与传统风貌的保护、村庄风貌建设、村庄风貌维护与管控等工作中。

公众参与是美丽乡村建设与贯彻落实乡村振兴战略的重要步骤，应引导村民全程参与，并建立公众参与及反馈意见收集整理的系统。

将《导则》成果与风貌保护方案以海报、宣传册、展板、文艺表演等通俗易懂的形式，在村庄的公共空间进行展演，广泛向村民征求改进优化意见。

利用互联网、自媒体平台，建立“村庄风貌建设公众参与平台”、微信订阅号，开通反馈邮箱，建立村庄风貌建设网上论坛等方式，引起村民、社会各界人士及专业技术人员的关注，广泛听取来自社会各界人士多方的声音。

4.3 支持设计师下乡

2018年9月14日，住房和城乡建设部发布了《住房城乡建设部关于开展引导和支持设计下乡工作的通知》建村〔2018〕88号，通知要求引导和支持规划、建筑、景观、市政、艺术设计、文化策划等领域设计人员下乡服务，大幅提升乡村规划建设水平。

2018年4月，北京市规划和自然资源委员会发布了《关于征集规划师、建筑师、设计师下乡参与美丽乡村建设的倡议书》，推动更多的行业精英扎根农村规划工作一线，担当历史责任，发扬奉献精神，为营造富有北京地域特色的美丽乡村贡献力量。

抓住设计人员下乡服务、提升乡村规划建设水平的有利契机，建立村庄责任规划师、建筑师、设计师参与方案设计机制，为村庄风貌建设及村庄民宅建设献计献策，提供技术指导。

建立设计师村级纠错机制。由责任规划师、建筑师、设计师对不符合风貌管控要求的民宅提出改进方案，参与监督、指导实施。

建立村庄风貌培训机制。发挥规划师、建筑师、设计师的专业知识、技术水平，对村镇一级的相关从业人员、相关管理人员、村民进行有计划的培训，结合实际工作，培养村庄自己的风貌建设人才。

建立镇级村庄风貌建设专家委员会机制。利用各专业设计人员下乡的契机，发挥北京市高校、科研院所集中的优势，聘请相关行业、学科的优秀技术人员，成立镇一级的专家委员会，对镇辖区内各个村庄的规划、建设项目的成果进行评价、审查，为项目审批提供指导意见，为村庄风貌建设质量把关。

4.4　示范与标杆

建立示范带动的机制，通过示范民宅改造项目带动村民观念的转变，使之积极主动地参与村庄风貌建设，树立先进榜样，实现村庄建设发展的有机更新。

制定作为示范案例民宅的选择标准，选择具有风貌代表性的民宅作为提升改造示范案例，组建由规划师、建筑师、设计师、老工匠、工程施工人员等多行业人员组成的专业技术团队，提供方案设计、技术指导、施工建设等服务。

引导具有强烈民宅改造意愿的村民主动将自家宅院作为改造示范案例，发挥村民的主观能动性。对于作为示范案例的民宅，政府应给予政策、资金的支持；对积极主动对民宅进行风貌改造的村民，给予精神上与物质上的奖励，激励带动其他村民的民宅风貌改造。

在村庄风貌建设工作过程中，应以“一村一设计，一户一设计”为基本工作原则，结合村庄责任设计师机制，形成“设计师+老工匠+村民”的工作模式，建设特色风貌示范村、示范户，带动全村、全镇乃至全区的村庄风貌建设，促进乡村各项建设发展。

引导老工匠积极参与村庄风貌建设的各项工作，发挥老工匠的传统技艺优势，使门头沟区的村庄风貌形象扎根于本乡本土的文化，凸显村庄传统文化的魅力。同时，注重培养老工匠的接班人，可举办培训班、讲座等活动，结合实际建设项目，推进传统技艺及传统文化的传承。

建立镇级特色风貌代表性民宅的数据库，对改造前后的数据、影像资料，改造设计方案和工程相关资料进行存档，总结行之有效的民宅改造经验，为其他民宅风貌改造提供参考。

组织村民、干部去村庄风貌建设较好的村庄参观考察，与当地村民深入交流，提高村民、干部对村庄建设风貌的认识，学习成功案例经验，带动促进自己村庄的风貌建设。

4.5 规范监督管理

建立镇级的村庄风貌建设监督管理机构。以各镇为单位，建立“村庄风貌建设监督管理委员会”，专职负责村庄风貌建设的引导、监督、管理等工作。在各行政村建立“村庄风貌建设监督管理小组”，为“村庄风貌建设监督管理委员会”在各行政村的管理工作提供协助，监督本村风貌建设。“村庄风貌建设监督管理委员会”的主要成员由镇政府领导、村委负责人和建筑、规划等领域专家顾问兼任，各镇委员会定时举行例会，协调各项工作，总体把控各村风貌建设。另设专职办事人员，负责组织相关专业人员对村庄风貌改造建设进行评价、审查、审批、验收和奖惩。“监督管理小组”成员由村两委干部、党员、村民代表、村庄建设积极分子等组成，发挥“群策群力”的积极作用。

依据法规制度进行监督管理。以《北京市历史文化保护区管理规定》《北京市门头沟区文化委员会行政执法依据》《传统村落保护发展规划》《村庄规划》等作为法规依据，在整个村庄风貌改造、更新与建设过程中严格执行，规范村庄风貌建设过程和管理行为。

建立村民参与监督管理机制。建立村庄风貌建设信息公开机制，保护村民的知情权，引导村民积极参与监督管理。召开村庄风貌建设项目村民听证会，广泛征求村民的意见。引导村民依据保护发展规划、美丽乡村规划、风貌设计导则、村规民约的相关要求对村庄风貌建设、民宅更新改造进行监督、审议、表决，使村民全程参与监督管理。鼓励村民对村内破坏保护建筑和严重破坏传统风貌的行为进行检举。

建立民宅改造工程监理与验收制度。民宅在改造建设方案通过审批后，在施工建设的过程中应自觉遵循相关规划及《导则》的要求，进行改造建设。村庄风貌建设监督管理委员会应派出监理小组定期对其进行监督和指导。施工建设结束后，村庄风貌建设监督管理委员会应派出验收小组对其进行验收，不符合建设要求的应勒令修改。

建议培训若干个可以长期从事村庄传统民居建设工程的专业施工队，使其对相关规划、《导则》的要求有深入理解，并且熟练掌握传统民居建筑元素的正确应用，熟练把握技术标准、施工工艺和建设流程。

建立奖惩制度，鼓励与惩罚并举。制定村庄风貌保护奖惩方案，对民宅修缮、改造后的风貌保持情况予以评定，制定相关奖惩措施。设立专门的村庄传统风貌保护基金，奖励对保护和维护传统风貌的修缮、改造项目，对于积极主动申请改造的村民民宅可将其列为改造试点，并给予政策扶持、资金补贴、技术支持，并在改造工程通过验收之后进行公示，作为示范案例；对违反保护规定、《导则》要求、破坏村庄风貌的行为进行处罚。

建立多方面的资金筹措渠道。积极利用好国家财政性拨款、地方财政性拨款，用于基础设施改造，提升村庄环境与服务水平。民宅修缮改造的资金可通过集体产业运营、社会资助、合作共建共用、村民自主筹款等方式多方面筹措。

建立民宅改造资金补贴机制。结合门头沟区推行的抗震加固节能房、整村搬迁、危房改造等相关政策，鼓励村民自愿参与，依据《导则》要求对自家宅院进行修缮改造。同时，政府根据修缮改造实际投入给予村民一定补贴资金作为支持。

灵活运用村庄集体经济，设立内部低息贷款，以低于商业贷款的利率贷款给村民，用于按照村庄风貌建设要求进行民宅的修缮、改造和更新项目。村民可利用闲置房屋使用权出租等方式，将使用权交由村集体运营，获取民宅改造资金。

图片来源

图号	图名	图片来源
第一章插图目录表		
图1-1-1	门头沟区自然风貌1	门头沟区文学艺术界联合会摄影家协会
图1-1-2	门头沟区自然风貌2	门头沟区文学艺术界联合会摄影家协会
图1-1-3	门头沟区民俗风貌1	门头沟区文学艺术界联合会摄影家协会
图1-1-4	门头沟区民俗风貌2	门头沟区文学艺术界联合会摄影家协会
图1-1-5	爨底下村1	门头沟区文学艺术界联合会摄影家协会
图1-1-6	爨底下村2	门头沟区文学艺术界联合会摄影家协会
图1-1-7	灵水村	邓琪/摄
图1-1-8	琉璃渠村	门头沟区文学艺术界联合会摄影家协会
图1-1-9	传统村庄风貌	门头沟区文学艺术界联合会摄影家协会
图1-1-10	红瓦建筑	http://www.huitu.com/photo/show/20121207/072348701200.html
图1-1-11	水泥建筑	邓琪/摄
图1-1-12	欧式建筑	邓琪/摄

续表

图号	图名	图片来源
第二章插图目录表		
图2-1-1	百花山	门头沟区文学艺术界联合会摄影家协会
图2-1-2	灵山	门头沟区文学艺术界联合会摄影家协会
图2-1-3	妙峰山	门头沟区文学艺术界联合会摄影家协会
图2-1-4	永定河	门头沟区文学艺术界联合会摄影家协会
图2-1-5	门头沟水韵1	门头沟区文学艺术界联合会摄影家协会
图2-1-6	门头沟水韵2	门头沟区文学艺术界联合会摄影家协会
图2-2-2	黄草梁长城	门头沟区文学艺术界联合会摄影家协会
图2-2-3	鹞子峪长城	邓琪/摄
图2-2-4	灵山	门头沟区文学艺术界联合会摄影家协会
图2-2-5	清水河	门头沟区文学艺术界联合会摄影家协会
图2-2-6	京西山水景观	门头沟区文学艺术界联合会摄影家协会
图2-2-7	爨底下村	门头沟区文学艺术界联合会摄影家协会
图2-2-8	牛角岭关城古道上的蹄窝	门头沟区文学艺术界联合会摄影家协会
图2-2-9	京西太平鼓	https://www.meipian.cn/1kzm6wl8
图2-2-10	妙峰山庙会	https://www.sohu.com/a/313661613_99960317
图2-2-11	西斋堂梆子戏	https://www.sohu.com/picture/286546031
图2-2-12	苇子水灯阵	https://www.sohu.com/picture/295816436
图2-2-13	潭柘寺	门头沟区文学艺术界联合会摄影家协会
图2-2-14	戒台寺	门头沟区文学艺术界联合会摄影家协会
图2-2-15	白瀑寺的圆正法师塔	邓琪/摄
图2-2-16	灵岳寺	门头沟区文学艺术界联合会摄影家协会
图2-2-17	京西煤业文化的见证1	http://m.bjnews.com.cn/detail/159038830715467.html

续表

图号	图名	图片来源
图2-2-18	京西煤业文化的见证2	https://www.meipian.cn/1kwr35k4
图2-2-19	京西煤业文化的见证3	http://ie.bjd.com.cn/5b165687a010550e5ddc0e6a/contentApp/5b1a1310e4b03aa54d764015/AP5ce75cfbe4b0f541da943d29.html
图2-2-20	京西煤业文化的见证4	http://www.mafengwo.cn/i/7013165.html
图2-2-21	冀热察挺进军司令部	邓琪/摄
图2-2-22	墙上留存的抗战标语	邓琪/摄
图2-2-23	沿河口村军事防御	邓琪/摄
图2-2-24	马栏村的红色印记	门头沟区文学艺术界联合会摄影家协会
图2-3-1	爨底下村	门头沟区文学艺术界联合会摄影家协会
图2-3-2	灵水村	邓琪/摄
图2-3-3	琉璃渠村	邓琪/摄
图2-3-4	苇子水村	邓琪/摄
图2-3-5	碣石村	门头沟区文学艺术界联合会摄影家协会
图2-3-6	马栏村	邓琪/摄
图2-3-7	燕家台村	邓琪/摄
图2-3-8	张家庄村	邓琪/摄
图2-5-1	爨底下村的民居1	邓琪/摄
图2-5-2	爨底下村的民居2	邓琪/摄
图2-5-3	村庄内的弓形护坡墙1	邓琪/摄
图2-5-4	村庄内的弓形护坡墙2	邓琪/摄
图2-5-5	石道石墙	邓琪/摄
图2-5-6	石碾	邓琪/摄
图2-5-7	风水格局模式图	http://blog.sina.com.cn/s/blog_92ee3f5f010119uy.html

续表

图号	图名	图片来源
图2-5-8	灵水村鸟瞰	https://m.quanjing.com/imginfo/613-p03489.html
图2-5-9	灵水村村口	https://www.sohu.com/a/219636148_99965863
图2-5-10	灵水村内景	邓琪/摄
图2-5-11	厂商宅院	邓琪/摄
图2-5-12	过街天桥	邓琪/摄
图2-5-13	邓氏老宅	邓琪/摄
图2-5-14	李家老宅	邓琪/摄
图2-5-15	一进院	http://blog.sina.com.cn/s/blog_50ed9ad30102wuc9.html
图2-5-16	二进院	北京市建筑设计标准化办公室．北京四合院建筑要素图建筑构造通用图集：88J14-4（2006）[S]．北京：中国建筑工业出版社，2018.
图2-5-17	三进院	马炳坚．北京四合院建筑[M]． 天津：天津大学出版社，1999.
图2-5-18	四进院	马炳坚．北京四合院建筑[M]． 天津：天津大学出版社，1999.
图2-5-19	四合院平面图	http://www.pekingmemory.cn/cdx/lxzh/
图2-5-20	四合院	邓琪/摄
图2-5-21	三合院平面图	http://www.pekingmemory.cn/cdx/lxzh/
图2-5-22	三合院	邓琪/摄
图2-5-23	纵向组合的院落	http://www.pekingmemory.cn/cdx/lxzh/
图2-5-24	横向组合的院落	http://www.pekingmemory.cn/cdx/lxzh/
图2-5-25	建筑材料——琉璃	邓琪/摄
图2-5-26	建筑材料——石材1	邓琪/摄
图2-5-27	建筑材料——石材2	邓琪/摄

续表

图号	图名	图片来源
图2-5-28	建筑材料——石材3	邓琪/摄
图2-5-29	门楼的精美砖雕	邓琪/摄
图2-5-30	建筑上的精美彩绘	邓琪/摄
图2-5-31	精美的木雕	邓琪/摄
图2-5-32	精美的砖雕	邓琪/摄
第三章插图目录表		
图3-2-1	晋唐时期村庄风貌——碣石村龙王庙	邓琪/摄
图3-2-2	辽代村庄风貌——西斋堂村	邓琪/摄
图3-2-3	明初期村庄风貌——爨底下村	门头沟区文学艺术界联合会摄影家协会
图3-2-4	现代村庄风貌——王村	门头沟区文学艺术界联合会摄影家协会
图3-2-6	浅山型地貌村庄风貌——岭角村	邓琪/摄
图3-2-7	深山型地貌村庄风貌——爨底下村	门头沟区文学艺术界联合会摄影家协会
图3-2-8	滨水型地貌村庄风貌——青白口村	门头沟区文学艺术界联合会摄影家协会
图3-2-10	宗教寺庙文化村庄风貌——桑峪村天主教堂	邓琪/摄
图3-2-11	古道古村文化村庄风貌——牛角岭城关	门头沟区文学艺术界联合会摄影家协会
图3-2-12	民间习俗文化村庄风貌——千军台	门头沟区文学艺术界联合会摄影家协会
图3-2-13	京西山水文化村庄风貌——雁翅村	门头沟区文学艺术界联合会摄影家协会
图3-2-14	京西煤业文化村庄风貌——大台街道	门头沟区文学艺术界联合会摄影家协会
图3-2-15	红色文化村庄风貌——马栏村挺进军司令部	门头沟区文学艺术界联合会摄影家协会

续表

图号	图名	图片来源
图3-2-17	中国历史文化名村——琉璃渠村	邓琪/摄
图3-2-18	中国传统村落——黄岭西村	邓琪/摄
图3-2-19	传统村落分布图	邓琪/摄
图3-3-2	京西山地村庄与地形格局引导图	北京工业大学城镇规划设计研究所．北京市门头沟区妙峰山镇炭厂村村庄规划．2017．
图3-3-3	传统型村庄街巷肌理保护示意图	门头沟区文学艺术界联合会摄影家协会
图3-3-4	现代型村庄街巷美化示意图	01-https://www.sohu.com/a/104454582_119665
		02-https://www.thepaper.cn/newsDetail_forward_6832550
		03-http://www.zhaoyuan.gov.cn/art/2019/9/25/art_24034_2514961.html
		04-https://www.sohu.com/a/367494616_682992
		05-https://www.163.com/dy/article/GFC026UL0514AKIM.html
		06-https://www.sohu.com/a/485653444_121106842
图3-3-5	村庄环境美化示意图	01-https://m.sohu.com/a/232472857_100136048
		02-https://www.sohu.com/a/463527329_120209831
		03-https://minsu.dianping.com/housing/1263958/
		04-http://www.bjnews.com.cn/feature/2020/09/15/769378.html?from=groupmessage&isappinstalled=0
		05-https://www.sohu.com/a/321313149_784187
		06-https://www.sohu.com/a/165430973_671049

续表

图号	图名	图片来源
图3-3-6	村庄公共空间美化示意图	01-https://www.poco.cn/works/detail_id5615138
		02-https://www.meipian.cn/ighcfhz
		03-https://m.sohu.com/a/135126486_444396/?pvid=000115_3w_a
		04-https://ishare.ifeng.com/c/s/7pumgJSKGaS
		05-https://www.sohu.com/a/287941484_260697
		06-https://www.thepaper.cn/newsDetail_forward_8819835
图3-3-7	村庄房前屋后美化示意图	01-https://www.sohu.com/a/313228950_486078?_f=index_chan29news_90
		02-https://www.booking.com/hotel/fr/mas-de-l-39-ange.el.html?activeTab=photosGallery
		03-https://www.sohu.com/a/414534099_120458538
		04-http://blog.sina.com.cn/s/blog_145c204fe01030uso.html
		05-http://tianqi.moji.com/liveview/picture/77659170
		06-https://m.sohu.com/a/412549908_679013
图3-3-8	村庄入口标识示意图	01-http://blog.sina.com.cn/s/blog_c543c0420102vizb.html
		02-http://blog.sina.com.cn/s/blog_91a6d07f0102x1el.html
		03-http://www.cnhubei.com/pcmedia/detail?id=520933
		04-https://m.sohu.com/a/334178185_100177194

续表

图号	图名	图片来源
图3-3-9	村庄方向标识指示牌示意图	01-http://www.nbimer.com/materials/524926
		02-https://www.ddove.com/htmldatanew/20151001/f64a0fdef6c26734.html
		03-http://3d.jzsc.net/show?pingyin=jingguanxiaopinjing&workID=269659
		04-http://3d.jzsc.net/zhuzi/383031.html
图3-3-10	村庄广告宣传栏示意图	01-http://kaifeng.dxwfgg.com/40/736.html
		02-https://www.china.cn/pic/2072101905_0.html
		03-http://www.gbs.cn/huaxue/g5812712.html
		04-https://m.zcool.com.cn/work/ZNDI3NDY1MTY=.html
图3-3-11	村庄围墙示意图	01-https://www.sohu.com/a/259283577_227963
		02-https://www.meipian.cn/z1fplrw?utm_source=singlemessage&from=singlemessage&v=4.3.4&user_id=13550147&uuid=8928388f5cf7e78c25e50764adf82c30&utm_medium=meipian_android
		03-http://pasteurfood.com/read/YTFiMTAwNjjluq3pmaLlm7Tmol，orr7orqHlm74BMQE2MDEBNDgxAWltZzAxLmhjMzYwLmNuLzAxL2J1c2luLzc5OC84MjMvYi8wMS03OTg4MjMyMS5qcGcB56eB5a625bqt6Zmi5Zu05qCP5pWI5p6c5Zu+/
		04-https://www.ly.com/news/detail-63628.html
图3-3-12	村庄公共座椅示意图	01-http://blog.sina.com.cn/s/blog_4d0bcb0f0102wc9i.html
		02-https://www.meipian.cn/2yosjsi2
		03-https://gd2.alicdn.com/imgextra/i2/4116882153/O1CN01kB1ywo1Rm7QY7GWGU_!!4116882153.jpg

续表

图号	图名	图片来源
图3-3-12	村庄公共座椅示意图	04-https://sucai.redocn.com/yixiang_8376857.html
		05-https://www.meipian.cn/1p7osfrh
		06-http://www.2ok.com.cn/5/cqylty/products_show.asp?memberID=cqylty&pid=4327&color=
图3-3-13	传统型村庄功能性景观性小品示意图	01-https://baike.baidu.com/tashuo/brow se/content?id=b7a9e6fb3b21cbbb99f1fed4
		02-http://baijiahao.baidu.com/s?id=1691045640600264117&wfr=spider&for=pc
		03-http://blog.sina.com.cn/s/blog_62d352f80102wuw8.html
		04-https://detail.1688.com/offer/45252408570.html
		05-https://www.meipian.cn/iiwqeyh
		06-https://huaban.com/pins/1212573344/
图3-3-14	现代型村庄功能性景观性小品示意图	01-https://www.duitang.com/blog/?id=1160602830
		02-https://huaban.com/pins/4075223143/
		03-https://huaban.com/pins/318653775/
		04-https://m.sohu.com/a/237327679_187391
		05-http://www.bjweizhifu.com/sell/show-137446.html
		06-http://www.tzheps.com/news/147.html
图3-3-15	村庄健身活动设施示意图	01-https://m.sohu.com/a/302508074_747944/
		02-https://www.163.com/dy/article/EN4F1C1H0518WU0T.html
		03-https://www.163.com/dy/article/DU965FK20524P215.html
		04-https://b2b.hc360.com/viewPics/supplyself_pics/516867369.html

续表

图号	图名	图片来源
图3-3-16	村庄活动器材示意图	01-https://detail.1688.com/offer/599003414638.html
		02-https://detail.1688.com/offer/599003414638.html
		03-https://detail.1688.com/offer/599003414638.html
		04-https://detail.1688.com/offer/599003414638.html
图3-3-17	村庄道路灯具示意图	01-http://www.huitu.com/photo/show/20130327/192040457500.html
		02-http://www.mafengwo.cn/i/18008707.html
		03-http://www.hardwareinfo.cn/api/view.php?img=http://img8.hardwareinfo.cn/pimages/proimages -23/ 1801020838135455472000972646.jpg
图3-3-18	村庄公共厕所示意图	01-http://csgl.tj.gov.cn/zwgk_57/xzcjd/scsglw/202011/t20201130_4172686.html
		02-http://www.21xc.com/content/201806/11/c418935.html
		03-https://www.sohu.com/a/289481477_805105
		04-https://www.sohu.com/a/443896774_175632
图3-3-19	村庄密闭式垃圾收集设施示意图	01-http://www.c-c.com/sale/View-37846819.html
		02-https://ishare.ifeng.com/c/s/7zFDYbZmaZS
		03-https://zjnews.zjol.com.cn/zjnews/hznews/201710/t20171016_5365858.shtml
		04-http://www.qdf0605.com/news/detail_10591.html

续表

图号	图名	图片来源
图3-3-20	村庄垃圾桶示意图	01-http://b2b.hebtv.com/company/shop/hbshebei/5q52m3d/1909995527416224220096.html
		02-https://xyzxz2015.cn.china.cn/supply/3808773481.html
		03-https://item.jd.com/71996909779.html
		04-http://www.nongcun5.com/sell/news/xyq123/McRlY/29/6155202.html
		05-http://www.wanguan.com/shop-154176/goods-3514122.html
图3-3-21	村庄道路交通设施示意图	01-https://huaban.com/pins/1369028506/
		02-http://www.foooooot.com/trip/1977285/
		03-https://www.sohu.com/a/400960167_99965863?_trans_=010001_grzy
		04-http://gzdjt.gog.cn/system/2018/07/10/016687910.shtml
图3-3-22	村庄防火防灾设施示意图	01-https://www.meipian.cn/cgdz2pd
		02-https://m.sohu.com/a/342519645_751938/
		03-http://big5.made-in-china.com/tupian/oris888-qoexANTbCdYu.html
		04-http://mzj.xiaogan.gov.cn/xsqxx/704968.jhtml
图3-3-23	村庄排水设施示意图	01-https://club.autohome.com.cn/bbs/thread/eeef6564d6142076/66187117-1.html
		02-http://www.dashangu.com/postimg_15071777.html
		03-https://www.meipian.cn/13ubu5k7
		04-https://www.meipian.cn/1ig2s3zx
		05-http://www.foooooot.com/trip/1725138/
		06-https://zzyjsclyxgs.cn.china.cn/supply/3678226007.html

续表

图号	图名	图片来源
图3-3-24	村庄公共服务设施示意图	01-http://www.0745news.cn/2016/1229/1007312.shtml
		02-https://www.sohu.com/a/347993849_99965863
		03-http://www.beidahuanglokfu.com/index/view/catid/14/id/168.html
		04-https://www.cn-healthcare.com/articlewm/20210726/content-1246018.html
图3-3-25	村庄适宜种植树种示意图	落叶松-http://www.bdlmzm.com/show_660.html
		白皮松-https://www.meipian.cn/1po0uk67
		华山松-https://www.cnhnb.com/gongying/4278678/
		油松-https://huaban.com/boards/49326410
		侧柏-https://zhidao.baidu.com/question/810192816903175852.html
		银杏-http://www.jx188.com/sell/1393521.html
		栾树-http://m.aihuhua.com/tupian/tupianglz.html
		山桃-https://www.sohu.com/a/302289336_655618
		元宝枫-http://linyuanmiaomu.dadou.com/supply/10349721.html
		白蜡-http://www.nongcun5.com/sell/news/44/13028565.html
		文冠果-https://www.meipian.cn/21gwgl1o
		黄连木-https://www.meipian.cn/2jzrsgpf
		杏树-https://www.163.com/dy/article/DU454HIH0522WUQM.html

续表

图号	图名	图片来源
图3-3-25	村庄适宜种植树种示意图	石榴树-https://www.mianfeiwendang.com/doc/87ca24a07a21289f814c65ab23f89734824e0b5e
		核桃树-https://www.sohu.com/a/161953774_351908
		黄栌-http://www.nkxy.com/wenzhang/sw/78195.html
		枣树-https://page.om.qq.com/page/Om1ri0L7RLwdXG0piGVMx4RQ0
		苹果树-https://harvesttotable.com/how_to_grow_apples/
		柿子树-http://www.kepuchina.cn/xc/201803/t20180315_557573.shtml
		香椿树-https://kuaibao.qq.com/s/20190417A0E7V800?refer=spider
图3-4-24	杜家庄中街39号院现状	邓琪/摄
图3-4-33	杜家庄中街52号院现状	邓琪/摄
图3-4-50	庭院树种选择	石榴树-http://www.1haotu.com/plus/view.php?aid=295512
		核桃树-https://www.sohu.com/a/308702992_120097909?_trans_=000019_share_sinaweibo_from
		枣树-https://www.hunanhr.cn/zuowendaquan/2020/0601/668034.html
		苹果树-https://www.douban.com/note/645446563/?from=author
		柿子树-http://www.bjrucs.net/sh/341319.html
		香椿树-https://www.163.com/dy/article/E7LL49R105426ZPR.html
图3-4-51	庭院养殖空间示意图	01-https://www.vcg.com/creative/1158144055

续表

图号	图名	图片来源
图3-4-51	庭院养殖空间示意图	02-https://item.jd.com/10030900199011.html?cu=true&utm_source= image.baidu.com&utm_medium=tuiguang&utm_campaign=t_1003608409_&utm_term=4c049632e5b74c58969d89bc69cb730e
		03-http://www.zuowen2.info/xzz/image/653620139/
图3-4-52	地面铺装选择	01-https://www.163.com/dy/article/DMLUJARN0524QI1O.html
		02-http://blog.sina.com.cn/s/blog_83487b9d0102x4gf.html
		03-http://3g.visitbeijing.com.cn/a1/a-XDHUQWCA9C9864A67C87B4
图3-4-53	景观小品选择	01-门头沟区文学艺术界联合会摄影家协会
		02-http://img-arch.pconline.com.cn/imag es/upload/upc/tx/photoblog/1207/09/c13/12281345_12281345_1341845225281.jpg
		03-https://m.sohu.com/a/217412887_99919299
		04-https://www.sohu.com/a/225372803_552676
		05-门头沟区文学艺术界联合会摄影家协会
		06-https://www.sohu.com/a/228835360_778987?qq-pf-to=pcqq.c2c
		07-https://news.chuangyejia.com/article/2018/1016/8401569.shtml
图3-4-54	卧室摆设示意图	01-http://www.mafengwo.cn/sales/2112232.html
		02-https://www.163.com/dy/article/DBVI7NUD05228OH7.html
		03-http://www.huitu.com/photo/show/20160131/080554078500.html

续表

图号	图名	图片来源
图3-4-55	室内物件和摆设示意图	01-http://www.hb2b.com/sell/show-2529.html
		02-https://item.jd.com/10868695414.html
		03-https://item.jd.com/45114619462.html
		04-https://paimai.jd.com/212917399
		05-http://www.huitu.com/photo/show/20200516/093935501020.html
图3-4-56	传统形式门窗	门头沟区文学艺术界联合会摄影家协会
图3-4-58	传统形式民居立面	邓琪/摄
图3-4-60	传统形式民居墙体	做法-《北京四合院建筑》马炳坚，天津大学出版社，1999年
		照片-门头沟区文学艺术界联合会摄影家协会
图3-4-62	传统形式民居屋顶	门头沟区文学艺术界联合会摄影家协会
图3-4-64	民居装饰	01-http://blog.sina.com.cn/s/blog_4a9ef73b010005v6.html
		02-门头沟区文学艺术界联合会摄影家协会
		03-门头沟区文学艺术界联合会摄影家协会
		04-门头沟区文学艺术界联合会摄影家协会
		05-门头沟区文学艺术界联合会摄影家协会
		06-门头沟区文学艺术界联合会摄影家协会
		07-门头沟区文学艺术界联合会摄影家协会
		08-门头沟区文学艺术界联合会摄影家协会
		09-门头沟区文学艺术界联合会摄影家协会
图3-4-66	民居建筑材质选择	青砖-http://www.huitu.com/photo/show/20130604/062822491200.html?from=nipic
		毛石-http://www.huitu.com/photo/show/20150802/114010669200.html

续表

图号	图名	图片来源
图3-4-66	民居建筑材质选择	小青瓦-http://blog.sina.com.cn/s/blog_61b347450100muuk.html
		实木门窗-https://www.gujianchina.cn/news/show-8398.html
		铝合金门窗-http://goods.jc001.cn/detail/1064901.html
		塑钢门窗-http://goods.jc001.cn/detail/4245213.html
		沥青瓦-http://www.lntianqun.com/product/wulumuqi_445.html
		玻璃钢瓦-https://b2b.hc360.com/viewPics/supplyself_pics/204289011.html

*未注明出处的，为作者自绘/自摄。

致 谢

本导则的编制出版全然有赖于北京市规划和自然资源委员会、北京市农业农村局、北京市民盟、北京城市规划学会、北京土地学会等单位的精心筹划、支持与指导，谨此致以崇高敬意和衷心感谢。

在门头沟开展实地调研考察的过程中，门头沟区委、区人民政府、区人大、区政协、区统战部精心组织，多次调度；市规自委门头沟分局、门头沟区发改委、区农业农村局、区住建委、区文化旅游局、区财政局、区水务局、区城管执法局、区园林绿化局、区生态环保局、区民盟及各镇人民政府积极配合、反复论证，不辞辛劳。同时，门头沟区斋堂、清水、潭柘寺、王平等镇的多位老木匠、老瓦匠、老石匠、营造老匠人给予了周到细致的技术指导，言谈举止中无不流露出他们对于家乡故土的淳朴情愫以及对于传统技艺的执着坚守。在此，对门头沟区参与部门的大力支持以及乡镇老匠人们的无私奉献表示诚挚的感谢。

在导则的编撰出版过程中，得到了北京市城市规划设计研究院、北京建筑大学、北京工业大学、中国建筑设计研究院有限公司、中国建设科技集团城镇规划设计研究院、北京市古代建筑研究所、北京市建筑设计研究院等院校和专业机构的热情支持。为此，非常感谢参加本课题咨询论证的专家和学者。

除此之外，特别感谢门头沟区文学艺术界联合会摄影家协会，他们提供了许多门头沟的自然风光、古村落、传统民居、美丽乡村建设的历史资料和精美照片，为本导则的整体内容增添了不可多得的厚实和靓丽。